Feng Shui im Büro

Arbeiten ohne Ballast

Danijela Saponjic

W0179492

So nutzen Sie dieses Buch

Die folgenden Elemente erleichtern Ihnen die Orientierung im Buch:

Beispiele

In diesem Buch finden Sie zahlreiche Beispiele, die die geschilderten Sachverhalte veranschaulichen.

Definitionen

Hier werden Begriffe kurz und prägnant erläutert.

Die Merkkästen enthalten Empfehlungen und hilfreiche Tipps.

Auf den Punkt gebracht

Am Ende jedes Kapitels finden Sie eine kurze Zusammenfassung des behandelten Themas.

Inhalt

Großraumbüros – effektiver Arbeitsplatz oder Schlangengrube?

Arbeiten im Home-Office

Wichtige und richtige Sitzpositionen

Eine kleine Einleitung

Unabhängig davon, ob Sie Arbeitnehmer, Klein- oder Großunternehmer sind, Ihr Ziel wird es sein, Erfolg zu haben. Dies gelingt am besten in einer angenehmen und fördernden Arbeitsumgebung, in der Sie sich gestärkt und unterstützt – oder einfacher gesagt „wohlfühlen". Doch oftmals fällt es gar nicht so leicht, Arbeit und „Wohlfühlen" zu verbinden. Nicht immer ist dabei das Aufgabengebiet die Ursache für die Unstimmigkeiten. Ein angespannter Berufsalltag, ein Büro, mit dem Sie sich nicht identifizieren können, oder einfach das Gefühl „hier stimmt etwas nicht" – in diesen Situationen können einfache Feng Shui-Maßnahmen schnelle Abhilfe schaffen.

Feng Shui wird im Geschäftsleben gerne mit Erfolg verbunden, was durchaus seine Berechtigung hat. Die Jahrtausende alte Lehre zeigt, wie wir die uns unterstützende Energie der Natur in unsere Lebens- und Arbeitsräume bringen. Die große Kunst liegt darin, den Energiefluss – das sogenannte „Qi" (ausgesprochen: tschi) – so zu lenken, dass wir den bestmöglichen Nutzen haben. Die bedeutsamsten Vorteile eines optimalen Energieflusses sind körperliches und seelisches Wohlbefinden sowie finanzieller Wohlstand. Feng Shui ist also die Kunst, Orte zu schaffen, in welchen Sie im Gleichgewicht und Einklang mit Ihrer Umgebung sind. Nur so wirkt Ihr inneres und äußeres Umfeld unterstützend auf Sie.

Lesen Sie daher in diesem Buch, wie Sie

‣ mit einfachen Mitteln Ihre Arbeitsumgebung positiv verändern können,

▸ Ihren persönlichen und geschäftlichen Erfolg steigern,

▸ gute Arbeitsbeziehungen schaffen,

▸ eine stressfreie Umgebung gestalten.

Lassen Sie sich inspirieren und beginnen Sie mit kleinen und einfachen Änderungen. Sie werden schnell feststellen, dass vieles in Bewegung gerät. Das Wichtigste an diesem Veränderungsprozess ist aber, dass er Ihnen Erfolg bringt – und Spaß macht!

Feng Shui – Was bedeutet das eigentlich?

Die 5.000 Jahre alte Lehre hat ihre Wurzeln im asiatischen Raum, vor allem in China. Feng Shui bedeutet wörtlich übersetzt Wind und Wasser. Diese zwei wichtigen Komponenten stehen für den Einfluss der Natur auf das Leben der Menschen. So wie Akupunktur den Qi-Fluss im Körper reguliert, so reguliert das Feng Shui den Qi-Fluss in Räumen. Das Ziel im Feng Shui ist es, für die Menschen eine Umgebung zu schaffen, in der sie in Gesundheit und Überfluss leben und arbeiten können.

Durch das Qi der universellen Lebensenergie kann Feng Shui wirken. Während die Chinesen „Qi" bzw. „Chi" sagen, heißt es in Indien „Prana" und in Japan „Ki". Wir Europäer sprechen meist einfach nur von „Energie". Dieser positive, sanft fließende Strom verbindet Sauerstoff mit Energie und ergibt Lebensenergie. Sie ist überall enthalten und umgibt uns in der Natur vollständig.

Durch die moderne Bauweise wird das Qi jedoch oft aus unseren Arbeits- und Lebensräumen ausgeschlossen. Da wir fortwährend in Resonanz mit unserer Umgebung stehen, wirkt sich der Qi-Mangel sehr schnell aus.

Qi vs. Sauerstoff

Wenn Sie statt Mineralwasser destilliertes Wasser trinken, stillen Sie vielleicht Ihren Durst, der Körper wird jedoch aufgrund der fehlenden Mineralien und Spurenelemente schnell erkranken. Übertragen auf das Qi bedeutet das: Wenn Sie in Ihren Räumen „nur" mit Sauerstoff versorgt werden, wird Ihrem Körper auf Dauer die Lebensenergie fehlen, was sich zum Beispiel durch Müdigkeit, Lustlosigkeit und häufige Gesundheitsprobleme bemerkbar macht.

Feng Shui basiert auf Ordnung, deswegen sollte man sich auch mit dem Thema Gerümpel beschäftigen. Denn Gerümpel ist nicht unbedingt Müll. Müll hat meist einen unangenehmen Geruch und ist eigentlich nicht mehr verwendbar. Normalerweise wird er sofort entsorgt. Gerümpel hingegen ist Ballast. Hierzu zählen Gegenstände, die in Ihrem Büro Platz für sich beanspruchen, aber nicht verwendet werden. Sie liegen in der Schublade oder stehen auf dem Sideboard, weil man sie vielleicht irgendwann mal gebrauchen kann, sie einem Kollegen gehören oder weil sie repariert werden müssten, …

Zwei weitere Prinzipien haben in der Lehre des Feng Shui einen hohen Stellenwert. Es ist einmal der Ausblick – auch Ming Tang (übersetzt: „heller Platz") genannt. Dieser Betriff steht für einen offenen, freien Bereich vor oder im Eingangsbereich eines Gebäudes.

Achtung

Wenn Sie mit dem Rücken zur Tür stehen und nach draußen blicken, sollte Ihr Sichtfeld 180° betragen und durch nichts eingeschränkt sein. Das bedeutet, dass Sie im Leben eine Perspektive haben, Gelegenheiten erkennen und ergreifen, um gesetzte Ziele leichter zu erreichen.

Im Gegensatz erschwert ein zu kleiner und enger Ming Tang „die Atmung" des Hauses und damit die Aufnahme von Qi. Die Konsequenz: Sie müssen härter für Ihre Ziele arbeiten. Ein weiter und heller Ausblick (auch vom Schreibtisch aus) bringt hingegen mehr Möglichkeiten, Ideen und Motivation mit sich.

Das zweite Prinzip ist die Rückendeckung. Hierbei geht es darum, den Rücken so zu schützen, dass Sie keine Angriffe von hinten erwarten müssen. Durch eine fehlende Rückendeckung können Sie sich nicht so gut auf die Aufgaben und Situationen konzentrieren, die für Sie wichtig sind, weil Ihnen Ruhe und Gelassenheit fehlen.

Wer braucht schon Feng Shui?

Oder besser gefragt: Woran können Sie erkennen, ob Sie Feng Shui brauchen? Nehmen Sie sich etwas Zeit und beantworten Sie die folgende Fragen mit Ja oder Nein. Auf einem zusätzlichen Blatt Papier sollten Sie außerdem eine kurze Begründung für Ihre Antworten notieren.

Checkliste „Brauchen Sie Feng Shui"	Ja	Nein
Gehen Sie mit Freude in Ihr Büro?		
Verbringen Sie Ihre Zeit gerne an Ihrem Arbeitsplatz?		
Können Sie über einen längeren Zeitraum konzentriert bleiben und produktiv arbeiten?		
Fühlen Sie sich von Ihrem Team unterstützt?		
Können Sie sich auf Ihre Kollegen und Mitarbeiter verlassen?		
Fühlen Sie sich nach einem normalen Arbeitstag müde und abgekämpft?		
Haben Sie abends noch ausreichend Energie, um etwas zu unternehmen?		
Benötigen Sie mehr als sieben Stunden Schlaf, um morgens völlig erholt zu sein?		

Wie haben Sie sich bei der Beantwortung der Fragen gefühlt? Wie ist das Verhältnis zwischen den Ja- und Nein-Antworten? Sie ahnen sicherlich schon, dass die Fragen, die Sie mit Nein beantwortet haben, die Hebel sind, die Sie in Bewegung setzen müssen, um Veränderungen herbeizuführen.

Zugleich haben Sie gerade auch Ihren eigenen Ist-Zustand festgehalten. Jetzt ist es an der Zeit, sich Gedanken über den gewünschten Soll-Zustand zu machen. Er soll Ihr eigenes Wohlgefühl dem Arbeitsplatz gegenüber ausdrücken. Wie möchten Sie sich künftig in Ihrem „neuen" Büro fühlen? Welchen persönlichen Zustand wollen Sie erreichen? Schreiben Sie alles auf, was Ihnen einfällt.

Die Antworten auf diese Fragen könnten wie folgt lauten:

▸ Ich bin mit dem, was ich beruflich erreicht habe, zufrieden und weiß, dass ich auf dem richtigen Weg bin.

▸ In meiner Arbeitsumgebung fühle ich mich wohl.

▸ Mein Schreibtisch ist immer übersichtlich und aufgeräumt.

▸ Wenn ich morgens ins Büro komme, bin ich voller Energie und Tatendrang.

▸ Mein Ansehen unter den Kollegen, Mitarbeitern und Vorgesetzten ist gut.

▸ Ich bin sehr ausgeglichen und nicht leicht aus der Ruhe zu bringen.

▸ Ich habe ein gesundes Selbstwertgefühl.

Wenn Sie Ihre Sätze lesen, welches Gefühl überkommt Sie: Freude, Leichtigkeit oder Zufriedenheit? Finden Sie nicht, dass es lohnenswert ist, hierfür Zeit und Arbeit zu investieren? Wie Sie Ihren Idealzustand erreichen können und was Sie dafür tun müssen, lesen Sie in den kommenden Kapiteln.

Auf den Punkt gebracht

Bereits mit der Überlegung, Feng Shui in Ihren Arbeitsalltag zu implementieren, entdecken Sie Ihre versteckten Potenziale sowie die der Räumlichkeit, in der Sie arbeiten. Mit diesem Wissen können Sie sich Ziele setzen, die Sie mit Leichtigkeit erreichen.

Was erwartet Sie in diesem Buch?

Jetzt liegt es an Ihnen, die Initiative zu ergreifen. Sie haben sich diesen Ratgeber gekauft, um erfolgreicher zu werden und um etwas in Ihrem (Arbeits-)Leben zu verändern. Hierzu möchte ich Ihnen einen wichtigen Hinweis geben: Lesen und selbst die Initiative ergreifen sind zwei völlig verschiedene Dinge. Das Gelesene bleibt für Sie erst einmal nur eine abstrakte Information, solange Sie die Empfehlungen und Anregungen noch nicht umgesetzt haben.

Martha Graham hat einmal gesagt:

„Es gibt eine besondere Form der Vitalität, eine Lebenskraft, eine Energie, eine Bewegung, die nur Sie selbst in Aktion setzen können. Da jeder von uns ein einzigartiges Wesen ist, ist auch der Ausdruck des Lebens einzigartig. Wenn Sie Ihre eigene Lebensenergie blocken, kann diese niemals durch einen anderen Menschen lebendig werden und geht damit für immer verloren."

Mit anderen Worten: Stopfen Sie Ihre persönlichen Energielöcher und steigern Sie damit Ihre natürliche Energie. So gewinnen Sie Willenskraft für all die Aufgaben und Herausforderungen, für die Sie bisher keine Zeit, Lust oder Kraft hatten.

Die Natur folgt nämlich einem eigenen Gesetz: Sie füllt leere Räume sofort wieder auf. Das erleben wir täglich, wenn wir beobachten, wie sich ein Grashalm oder ein Löwenzahn seinen Weg durch einen Riss im harten Betonboden bahnt.

Für Ihren beruflichen Erfolg bedeutet das einerseits, Raum für neue Projekte und Geschäftskontakte zu schaffen, und andererseits eine stabile und gesunde Basis für Ihr geschäftliches Handeln zu errichten.

Und los geht's!

Wo beginnen Sie? Welche Veränderungen sind jetzt wichtig und welche Maßnahmen können später umgesetzt werden? Kurz gesagt, was möchten Sie erreichen? Um das schnell und einfach zu erfahren, empfehle ich Ihnen folgende Übung:

Übung: Visualisieren Sie Ihr ideales Arbeitsumfeld

Unabhängig davon, wo Sie sich gerade befinden, ob im Zug, zu Hause auf dem Sofa oder im Büro, nehmen Sie sich einige Minuten Zeit und stellen sich vor, wie Ihr perfektes Büro eingerichtet sein sollte.

Überlegen Sie,

- ▸ *was Sie wahrnehmen möchten, wenn Sie es betreten,*
- ▸ *wie es im Büro riechen soll,*
- ▸ *wie Ihr Arbeitsplatz eingerichtet sein soll,*
- ▸ *wo der Schreibtisch und wo die Aktenschränke stehen sollen,*
- ▸ *was Sie sich für Ihr Büro schon immer gewünscht, aber bisher nie angeschafft oder umgesetzt haben?*

Schreiben Sie alles auf, was Ihnen einfällt, und betrachten Sie diese Notizen als Ihre Zielliste. Sie enthält alles, was Sie sich wünschen. Wenn Sie Ihre Notizen und Wünsche mit den Feng Shui-Empfehlungen in diesem Buch kombinieren, werden Sie in der Lage sein, Ihren Arbeitsplatz nach Feng Shui, aber auch nach Ihren eigenen Vorlieben einzurichten.

Auf den Punkt gebracht

▸ Notieren Sie Ihre Wünsche und Vorstellungen von einem idealen Arbeitsumfeld.

▸ Setzen Sie Ihre Ideen gleich in die Tat um. Denn Ideen im Kopf oder auf Papier bringen keine Verbesserung mit sich.

▸ Schaffen Sie Platz für Ihren beruflichen Erfolg!

▸ Um Erfolg aufrechterhalten zu können, benötigen Sie eine gute Basis.

Ihr Thron, der Schreibtisch

Der Schreibtisch ist der Spiegel für Ihr unternehmerisches Handeln. Er steht repräsentativ für Ihre Leistung im Unternehmen. Von diesem Platz aus „regieren" Sie Ihr Königreich – also alles, was mit Ihrer Arbeit verbunden ist. Sind Sie Abteilungsleiter, dann ist es die Abteilung. Wenn Sie Geschäftsführer sind, dann ist es das gesamte Unternehmen. Überlegen Sie, wie viele Aufträge und daraus resultierende Gewinne Sie durch die Arbeit an diesem Schreibtisch generieren. Oft wird die Bedeutung des Schreibtisches unterschätzt, vor allem dann, wenn kein direkter Kundenverkehr besteht.

Die Basis für Ihren Erfolg

Viele meiner Kunden geben sich zufrieden mit kleinen, wackligen und gänzlich ungeeigneten Schreibtischen und lassen diese oft im Chaos verschwinden – ganz der Überzeugung: „Welchen Sinn macht eine Investition in einen neuen Schreibtisch, den nur ich zu Gesicht bekomme?"

Wenn der Schreibtisch unter einem Berg von Papier verschwindet, haben Sie bereits morgens überhaupt keine Lust, sich hinzusetzen und mit der Arbeit zu beginnen. Denken Sie jetzt an die Visualisierungsübung zu Ihrem Arbeitsplatz zurück. Wie haben Sie sich Ihren Schreibtisch vorgestellt? Sicherlich nicht voll mit Akten und offenen Ablagekörben.

Viele Menschen glauben, dass ein überfüllter Schreibtisch ein Zeichen für Erfolg ist, aber sie lassen dabei außer Acht, dass sie wegen der Überbelastung gar nicht mitbekommen, was in ihrer Umgebung geschieht. So verpassen sie unter Umständen einmalige und wichtige Möglichkeiten.

Auch wenn Sie glauben, Ihr „kreatives Chaos" zu beherrschen, überprüfen Sie, ob das Chaos nicht eher Sie beherrscht. Fragen und notieren Sie sich:

▸ Wie viel Zeit benötige ich täglich, um meinen Schreibtisch aufzuräumen und Unterlagen zu finden?

▸ Wenn ich nach Informationen suche, weiß ich sofort, wo ich diese finde?

▸ Bin ich an meinem Schreibtisch so gut organisiert, dass ich effizient, effektiv und konzentriert arbeite?

▸ Setze ich mich morgens gern an meinen Schreibtisch und verlasse ich mein Büro mit gutem Gewissen, weil alles an seinem Platz ist?

Wenn Sie auf eine dieser Fragen mit Nein geantwortet haben, dann wäre jetzt der richtige Zeitpunkt, um nachhaltig Ordnung auf dem Schreibtisch zu schaffen.

Sofort-Tipp

Wenn Sie bereits jetzt wissen, dass der aufgeräumte Schreibtisch nicht dauerhaft aufgeräumt bleiben wird, betreiben Sie Ursachenforschung. Was könnte der Grund für die immer neu entstehende Unordnung sein? Einmal identifiziert, können Sie eine Ursache nach der anderen beseitigen.

Welcher Tisch passt zu mir?

Bevor ich im Einzelnen über günstige Tischformen und Materialien schreibe, möchte ich Ihre Aufmerksamkeit auf folgende, grundlegende Empfehlungen lenken:

▸ Ein idealer Schreibtisch hat eine gleichmäßige Nierenform.

▸ Wenn Sie an Ihrem Schreibtisch sitzen und die Arme ausbreiten, sollten Sie die äußeren Kanten berühren können. Das symbolisiert, dass Sie immer die Kontrolle über Ihr Unternehmen, die Abteilung und Ihre Mitarbeiter haben.

▸ Bei quadratischen oder rechteckigen Arbeitsplatten sollten die Ecken abgerundet werden. So wirken Tisch und Raum harmonischer.

▸ Um den geschäftlichen Abstand zu wahren, sollte die Frontseite des Tisches geschlossen sein.

▸ Runde Tische unterstützen die Ideenfindung und die Kreativität.

▸ Der Schreibtisch muss unbedingt stabil sein, um die Stabilität des Unternehmens zu symbolisieren. Wer an einem wackligen Schreibtisch arbeitet, verliert leichter seine Position.

Einer meiner Geschäftskunden hat die Folgen eines unstabilen Schreibtisches im eigenen Unternehmen erlebt:

Was Schreibtische mit Erfolg zu tun haben

Das Erstgespräch im Rahmen einer Feng Shui-Beratung in einer Werbeagentur war beinahe abgeschlossen. Zufällig lehnte ich mich an den Schreibtisch des Geschäftsführers und verlor dabei beinahe die Balance. Die ca. 1,80 Meter breite, mahagonifurnierte Tischplatte wurde von vier Tischbeinen getragen, die jeweils den Durchmesser eines Zwei-Euro-Stückes hatten und somit im Verhältnis zu der Platte sehr dünn waren.

Reflexartig sagte ich zu meinem Kunden: „Ihr Geschäft steht auf dünnen, wackligen Beinen!". In diesem Moment hatte der Geschäftsführer sein Aha-Erlebnis. Er erkannte, dass ihm seit ungefähr zehn Jahren ein gewisses Fundament in seiner unternehmerischen Tätigkeit fehlte – und vor zehn Jahren hatte er sich auch diesen Schreibtisch angeschafft. Seit dem damaligen Einbruch konnte er für seine unternehmerische Tätigkeit keine zufriedenstellende Basis mehr aufbauen. Diese Erkenntnis war für ihn der Schlüsselpunkt der Feng Shui-Beratung.

Bei unserem zweiten Gespräch erzählte der Kunde, dass er sich bereits einen massiven Schreibtisch aus amerikanischer Kirsche bestellt habe, einen der an Standfestigkeit kaum zu überbieten sei. Dass das die richtige Entscheidung war, wurde dann auch anhand der darauffolgenden Geschäftsentwicklung deutlich.

Formen Sie Ihren Schreibtisch

Welcher Berufsgruppe gehören Sie an? Sind Sie Buchhalter oder Steuerberater? Texter, Grafiker, Designer? Kommt es in Ihrem Beruf auf Kreativität an? Zugegeben, dies sind sicher keine Fragen, die Sie sich üblicherweise stellen würden, wenn Sie einen neuen Schreibtisch kaufen wollen, aber sie sind aus folgenden Gründen notwendig:

▸ Der Beruf des Buchhalters oder Steuerberaters ist beispielsweise gradlinig und lässt sehr wenig kreativen Spielraum zu. Hier geht es darum, Gesetze einzuhalten und umzusetzen. Die Richtlinien sind klar definiert. Und so sollte auch der Schreibtisch sein: klare und gerade Linien, also eine vier- oder rechteckige Arbeitsplatte (optimal mit abgerundeten Ecken).

▸ Nehmen wir an, Sie sind in einem kreativen Beruf tätig, etwa als Designer, und entwickeln Ihre Entwürfe am Schreibtisch. Sie machen Skizzen, spielen mit unterschiedlichen Farben, Formen und Kombinationen. So leicht, wie die Ideen fließen sollen, sollte auch der Schreibtisch geformt sein. Eine ovale, runde oder nierenförmige Tischplatte ist hier von Vorteil.

L-förmige Schreibtische sind in der heutigen Bürolandschaft sehr stark vertreten. Diese sind wegen ihrer unregelmäßigen Form nicht empfehlenswert. Da Sie den Schreibtisch in seiner Gänze nicht immer überblicken können, können Sie auch Ihre eigene Arbeit bzw. Ihr Unternehmen schlechter kontrollieren. Falls Sie mehr Platz für Drucker, Ablage und andere Gegenstände benötigen, dann stellen Sie diese auf einen separaten Tisch.

Das Material – die Qual der Wahl

Nachdem nun die Fragen zur Schreibtischform geklärt sind, können wir uns der Materialauswahl widmen. Wie Sie bereits gelesen haben, steht der Schreibtisch für die Basis Ihres Unternehmens. Dementsprechend wird im Feng Shui großer Wert auf die Materialauswahl gelegt.

Nach wie vor ist eine stabile Holzarbeitsplatte allen anderen Materialien vorzuziehen. Neben der Stabilität werden dem Holzelement im Feng Shui noch weitere Qualitäten zugesprochen. Holz steht für Stabilität, fördert Kreativität, Karriere, Wachstum und Entwicklung. Darüber hinaus erzeugen Holzfarben ein Gefühl von Verlässlichkeit und Wachstumspotential.

Glas ist – aufgrund seiner „Zerbrechlichkeit" – mit Abstand das ungünstigste Material für einen Schreibtisch. Erinnern Sie sich: Der Schreibtisch ist die Basis für Ihren geschäftlichen Erfolg. Wenn nun diese Basis aus Glas ist, was dann? Ich kann Ihnen auch eine andere Frage stellen: Würden Sie Ihr Haus auf ein Fundament aus Glas bauen, um dann ständig in der Angst zu leben, dass das Haus jederzeit einstürzen könnte? Sicher nicht! Dann tun Sie das doch auch nicht mit Ihrem Unternehmen.

Achtung

Schreibtische aus Natursteinmaterialien wie Stein oder Marmor bilden das andere Extrem. Denn ein 200 kg schwerer Tisch kann durchaus für Unflexibilität und Unbeweglichkeit stehen.

Der Schreibtisch aus Glas

*Als ich noch als Betriebswirtin tätig war, arbeitete ich frei-
beruflich für einen Jungunternehmer, der Glas als Material
liebte und sich auch gerne damit umgab. Wir arbeiteten
wir an einer neuartigen Dienstleistung, die damals einen
Nischenmarkt hervorragend abdeckte. Die Idee wurde
sehr gut angenommen, die Aufträge kamen und das
Unternehmen übernahm sogar für einige Zeit die Stellung
als Marktführer. Das kleine Unternehmen lebte auf und
mit ihm auch seine Mitarbeiter. Der Geschäftsführer
arbeitete viel und erfreute sich an seinem Erfolg.*

*Als ich ein Jahr später nach einem kurzen Urlaub wieder
ins Büro kam, erschreckten mich die Stille und
Niedergeschlagenheit. Offenbar waren über 90 Prozent
der Aufträge zurückgegangen, weil ein anderer
Wettbewerber das Unternehmen in einen unnötigen
Rechtsstreit verwickelt hatte. Damals habe ich hautnah
miterleben können, wie der Erfolg des Unternehmens wie
Glas von einem Moment auf den anderen zerbrochen ist.*

Auf den Punkt gebracht

Bei der Wahl eines Schreibtisches sollten Sie primär auf
zwei wichtige Dinge achten:

▸ Ziehen Sie, wenn möglich, einen Schreibtisch mit sta-
  biler Holzarbeitsplatte einem Glasschreibtisch vor.

▸ Geschwungene Tischformen fördern kreatives Arbeiten und gradlinige die Konzentration – besonders
  wenn Sie viel mit Zahlen und Gesetzen zu tun haben.

Positionieren Sie sich richtig

Ihre Sitzposition steht für Ihr Wohlgefühl am Arbeitsplatz und Ihr berufliches Weiterkommen. Allgemein spielt es keine große Rolle, wo man im Büro sitzt. Vielen ist es wichtiger, ein eigenes, wenn möglich großes Büro zu haben, um Eindruck zu m. Je höher man auf der Karriereleiter steht, desto größer ist meist auch das Büro. Aber steht die Größe des Büros tatsächlich für Macht, Kontrolle und Erfolg? Wenn das so ist, warum klagen so viele Unternehmensleitungen über die mangelnde Unterstützung seitens der Mitarbeiter? Es ist bekannt, dass sie die besten und größten Büros der Unternehmen ihr Eigen nennen.

Ein Geschäftsführer ohne Unterstützung

Vor einigen Jahren bat mich der Geschäftsführer eines mittelständischen Unternehmens um eine Beratung. Der Anlass hierfür war das nicht harmonische Betriebsklima, das vor allem in der Führungsebene vorherrschte. Es fehlte an gegenseitiger Unterstützung und Verständnis.

Beim ersten Termin im Büro des Inhabers sah ich, dass er durch seine Sitzposition der gesamten Belegschaft den Rücken zugedreht hatte. So konnte er zwar durch das Fenster einen tollen Ausblick genießen, für mich wurde allerdings deutlich, warum er keine Unterstützung durch seine Mitarbeiter verspürte, sondern vielmehr das Gefühl, dass man ihm in den Rücken fällt. Um mir ein besseres Bild zu machen, sprach ich mit den Mitarbeitern. Ihr Eindruck war, dass der Geschäftsführer nicht an ihnen als Menschen, sondern nur an Zahlen und Leistung interessiert sei.

Wir haben als eine wichtige Maßnahme den Schreibtisch des Geschäftsführers neu positioniert (s. Abb. 1 und Abb. 1.1). Bereits nach wenigen Monaten bekam ich die Nachricht, dass sich das Verhältnis zwischen den Mitarbeitern und dem Inhaber deutlich verbessert habe. Entscheidungen könnten nun einfacher getroffen werden und erhielten eine höhere Unterstützung durch die Belegschaft.

Das ist nur eines von vielen Beispielen, welche Auswirkungen ungünstige Sitzpositionen mit sich bringen können. Um Ihre Leistung und Ihren persönlichen bzw. den Erfolg Ihres Unternehmens zu steigern, sollten Sie die folgenden Empfehlungen umsetzen.

Sofort-Tipp
Denken Sie daran: Alle Veränderungen im Äußeren bewirken Veränderungen im Inneren.

Die Tür im Rücken

Der Sitzplatz mit der Tür im Rücken ist der ungünstigste im ganzen Büro, dennoch findet sich eine solche Raumstruktur sehr häufig. In dieser Position haben Sie jedoch keine Kontrolle über Ihre Arbeit und keine Verbindung zu Ihren Mitarbeitern oder Kollegen. Wer mit dem Rücken zur Tür sitzt, ist häufig nervös und macht schneller Fehler. Der Blick nach draußen lenkt ab, mindert die Konzentration und somit die Effektivität der Arbeit.

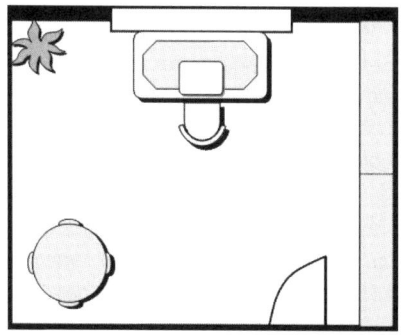

Abbildung 1: Sitzposition mit dem Rücken zur Tür

In diesem Fall muss der Schreibtisch so umgestellt werden, dass Sie von Ihrem Arbeitsplatz aus die Tür und wenn möglich alle Fenster im Blickfeld haben. Achten Sie auch darauf, den Tisch mit einem Abstand von einem Meter vom Fenster zu platzieren, damit Sie nicht im direkten Qi-Fluss sitzen.

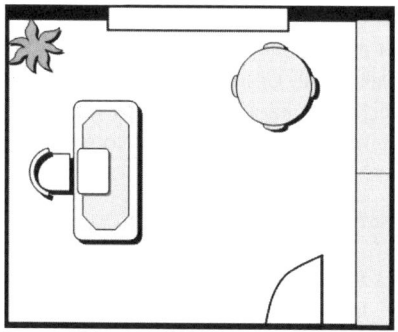

Abbildung 1.1: Abhilfemaßnahme

Sekretärin mit dem Chef im Rücken

Dass die Sekretärin direkt vor der Bürotür des Vorgesetzten sitzt, ist ein alltägliches Bild in nahezu allen Unternehmen, in denen ich als Betriebswirtin oder Feng Shui-Beraterin gewesen bin. Um in das Zimmer des Chefs zu kommen, musste ich immer erst am Tisch der Sekretärin vorbei.

Auf den ersten Blick ist diese Sitzposition organisatorisch logisch und normal. Sehr viele Damen leiden jedoch unter enormen Stress, der nicht immer auf das Arbeitspensum und den Alltag zurückgeführt werden kann. Viele beklagen sich über das Gefühl, mit dem Rücken zur Höhle des Löwen zu sitzen und nie zu wissen, wann und mit welcher Laune der Löwe/der Chef, seine Höhle/sein Büro verlassen wird. Sie alle stehen unter einer starken Anspannung. Einige leiden sogar unter Rückenbeschwerden, weil sie das Gefühl haben, keinen Rückhalt zu bekommen.

Ohne auch nur im Geringsten zu übertreiben, kann ich Ihnen versichern, dass die Regel „Sitze nie mit dem Rücken zur Tür oder in den Raum" die wichtigste im Business Feng Shui ist. Falls eine Umpositionierung des Schreibtisches nicht möglich ist, kann ein kleiner Spiegel – wie der Rückspiegel im Auto – für Übersicht sorgen.

Nicht zwischen Tür und Fenster

Auch die sogenannte Tür-Fenster-Linie ist sehr häufig anzutreffen. In diesen Fällen liegt die Eingangs- oder Zimmertür dem Fenster direkt gegenüber. Diese Linie wirkt wie ein Durchzug. Das in den Raum kommende Qi fließt direkt auf Sie zu und zieht durch das Fenster gleich wieder nach außen. Wenn Sie längere Zeit in dieser Position gesessen haben, können Konzentrationsprobleme auftreten oder Sie fühlen sich „wie durch den Wind".

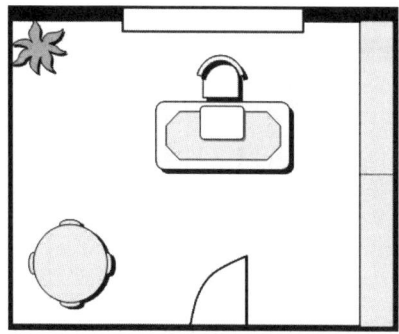

Abbildung 2: Sitzplatz in der Tür-Fenster-Linie

Um diese Situation zu verbessern, stehen Ihnen zwei Lösungswege zur Verfügung. Eine – die bessere Möglichkeit: Stellen Sie den Schreibtisch wie folgt um und dekorieren Sie das Fensterbrett mit einer Zimmerpflanze.

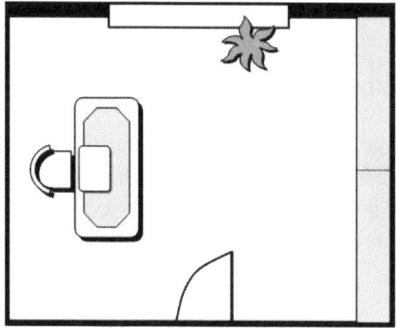

Abbildung 2.1: Abhilfemaßnahme 1

Wenn Sie die Tischposition nicht grundlegend verändern können, sollten Sie Ihren Arbeitsplatz möglichst weit aus der Linie verrücken und auf das Fensterbrett einige Pflanzen stellen.

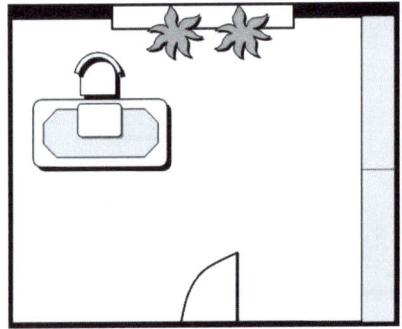

Abbildung 2.2: Abhilfemaßnahme 2

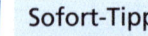

Sofort-Tipp

Im Feng Shui werden Pflanzen sehr oft eingesetzt, um den natürlichen Energiefluss zu lenken.

Nicht mit dem Rücken zur Raumecke

Die Raumecke hat eine ähnliche Wirkung wie das Fenster. Sie sitzen zwar nicht in einem Qi-Durchzug, aber die fließende Energie löst einen latenten Sogeffekt aus, der Sie aus dem inneren Gleichgewicht bringen kann.

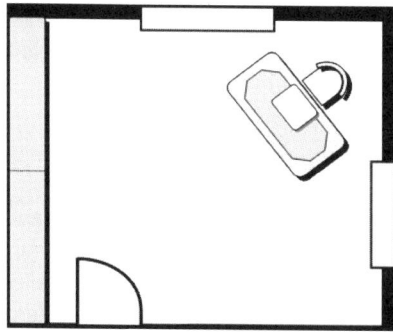

Abbildung 3: Sitzposition zur Raumecke hin

Falls Ihr Raum eine ähnliche Tür- und Fenstereinteilung hat, haben Sie kaum eine gute Chance, um die Schreibtischposition zu verändern. Dennoch stehen Ihnen auch in dem Fall zwei Abhilfemaßnahmen zur Verfügung.

1. Sie können die Ecke hinter dem Schreibtisch abrunden, bzw. verdecken,

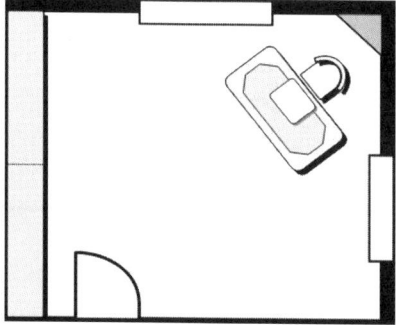

Abbildung 3.1: Abhilfemaßnahme

2. oder Sie stellen einen Dreieckstisch mit einer gesunden, rundblättrigen Pflanze auf, um den Energiefluss zu harmonisieren.

Der Blick zur Wand

Den Ausdruck „ein Brett vor dem Kopf haben" haben Sie sicher schon mal gehört. Man verwendet ihn immer dann, wenn einem ein Gedanke einfach nicht einfallen will. Aber haben Sie diesen Ausdruck schon einmal in Verbindung mit Ihrer Sitz- bzw. Schreibtischposition gebracht? Denken Sie, dass Sie kreativ sein und einfallsreich arbeiten können, wenn Sie ständig eine kahle Wand anblicken? Der Blick vom Schreibtisch ist Ihr Blick auf Ihre Perspektive, Ihre Motivation und Ihre Ziele.

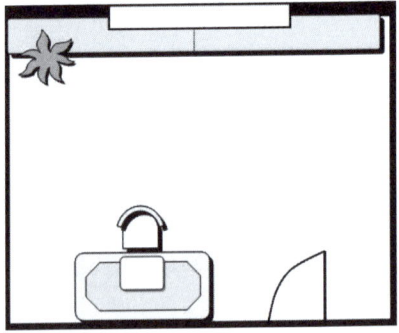

Abbildung 4: Blick zur Wand

Indem Sie die Schreibtischposition leicht verändern, verändern sich auch Perspektive und Motivation sowie Ihre Ziele. Das kann bedeutsam für Ihren beruflichen Erfolg sein.

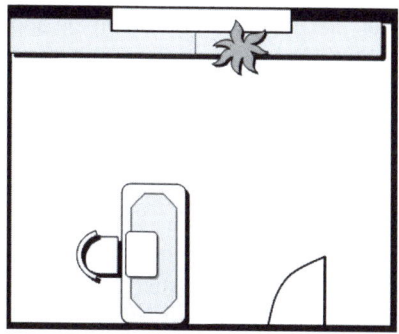

Abbildung 4.1: Abhilfe – Blick zur Wand

Die Nähe zur Tür

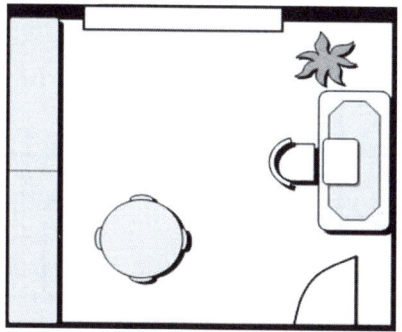

Abbildung 5: Tür direkt am Schreibtisch

Von der Position in Abbildung 5 haben Sie die Tür seitlich im Blick. Dennoch ist sie ungünstig, weil Sie zu nah an der Tür sitzen. Das kann Sie nervös machen. Außerdem blicken Sie auch in dieser Position direkt auf eine Wand. Die beste Lösung wäre eine Umgestaltung wie in Abbildung 4.1.

Häufig können Sie aber, vor allem wenn Sie angestellt sind, das Büro nicht einfach umgestalten. Abbildung 5.1 bietet daher eine vergleichbare, schnell umsetzbare Alternative: Stellen Sie eine mittelgroße Pflanze (ca. 1,20 m) zwischen Schreibtisch und Tür auf, um Ihre Position zu schützen.

Sofort-Tipp

Den Blick auf die Wand können Sie mit einem lebendigen, offenen Bild verschönern. Achten Sie darauf, dass das Bild keine Berglandschaft zeigt, sonst haben Sie statt der Wand einen Berg vor Augen. Damit assoziiert man in der Regel einen schweren Aufstieg.

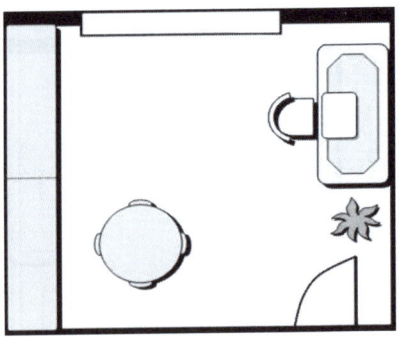

Abbildung 5.1: Abhilfemaßnahme

Grundsätzlich gilt: Lassen Sie immer ausreichend Platz zu der rückwärtigen Wand, sonst könnten Sie sich eingeengt fühlen. Für Ihr berufliches Handeln benötigen Sie um sich herum ausreichend (Handlungs-)Raum.

Ein Vertriebsleiter ohne Ideen

*Während eines Kundenbesuchs in einer Münchner Werbe-
agentur fiel mir auf, dass Herr L., der Vertriebsleiter, in einem kleinen (Durchgangs-)Büro saß. Von dort aus sollte er
neue Kunden und Projekte gewinnen. Weil der Tisch eine
typische L-Form hatte und zu groß für diesen Raum war,
saß Herr L. mit dem Rücken zu der Tür und blickte gegen
die Wand. Auf meine Frage, wie der Vertrieb denn laufe,
erklärte mir der Auftraggeber, Herr L. sei seit dem Umzug
nicht mehr so leistungsfähig wie zuvor. Ihm mangele es vor
allem an Ideen. Zudem fehle die Begeisterung, die für
diesen Beruf unabdingbar sei.*

*Meine Empfehlung war, den Vertrieb in das Besprechungs-
zimmer (mit Blick auf die Isar) umzuziehen, da die wenigen
Besprechungen auch im Büro des Chefs durchgeführt
werden konnten. Herr L. war von dieser Idee begeistert.
Innerhalb weniger Wochen fand er seine alte Form und
damit auch die Freude an seiner Arbeit wieder.*

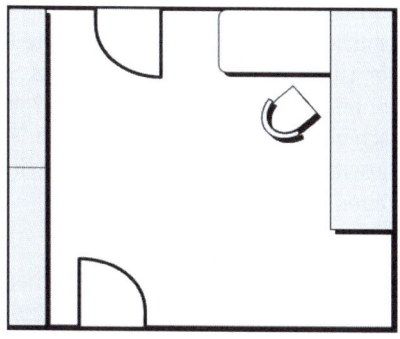

Abbildung 6: (Durchgangs-)Büro von Herrn L.

Auf den Punkt gebracht

Probieren Sie es aus! Verändern Sie Ihre Schreibtisch-position und beobachten Sie, welche Veränderungen auf Sie zukommen. Die wichtigsten Regeln, die Sie bei der Neuplatzierung Ihres Schreibtisches berücksichtigen müssen, lauten:

▸ Sitzen Sie mit dem Rücken zu einer geraden Wand.

▸ Sitzen Sie nicht zwischen Tür und Fenster und haben Sie, wenn möglich, alle Türen und Fenster im Blick.

Nur so sitzen Sie in einer stabilen Position und haben Ihr Arbeitsgebiet unter Kontrolle.

Richten Sie Ihren Schreibtisch ein

Nachdem Sie nun die richtige und umsetzbare Position für Ihren Schreibtisch gefunden haben, sollten Sie einen Blick auf den Arbeitsbereich werfen. Natürlich sollte Ihr Schreibtisch in erster Linie so eingerichtet sein, dass Sie effizient arbeiten können. Ist das bei Ihnen der Fall? Können Sie täglich wirklich zielorientiert arbeiten? Setzen Sie sich jetzt an Ihren Arbeitsplatz und betrachten Sie ihn mithilfe folgender Fragen:

▸ **Sehe ich mein Telefon?**
Ob Sie es glauben oder nicht, viele Menschen benutzen das Telefon als zusätzliche Ablagefläche. Und jedes Mal, wenn es klingelt, wird ein Papierstapel verlagert.

▸ **Befindet sich meine Ablage im Arbeitsbereich?**
Gerade die Ablage hat nichts auf dem Schreibtisch verloren. Denn: In der Ablage befindet sich immer etwas Abgeschlossenes, etwas Vergangenes. Auf Ihrem Schreibtisch sollte sich aber die Gegenwart befinden, also nur die Unterlagen aktueller Projekte.

▸ **Bin ich hundertprozentig zufrieden mit der Position meiner Arbeitsgeräte?**
Fühlen Sie sich wohl mit der Position Ihres Bildschirms, der Maus, des Telefons, der Tastatur usw.? Es gibt kaum etwas Lästigeres, als sich täglich über die Maus oder Tastatur zu ärgern, die nicht in Handlänge ist. Oder darüber, dass der Bildschirm zu weit weg oder zu niedrig ist. Diese Liste könnte ich noch weiter fortführen – aber es geht mir nur darum, dass Sie für sich feststellen, wie und womit Sie Ihren Arbeitsplatz optimieren können.

▸ **Setzen Sie sich morgens gern an Ihren Schreibtisch?**
Wenn nein, warum? Halten Sie die Begründungen auf diese Frage schriftlich fest, so sehen Sie mit einem Blick, was Sie stört und was verändert werden soll.

Auf den Punkt gebracht

Der Überblick über Ihren Schreibtisch spiegelt den Überblick über Ihr Unternehmen wieder. Natürlich heißt das nicht, dass dort keine Arbeitsunterlagen herumliegen dürfen. Ein aufgeräumter und sauberer Tisch lässt jedoch auf eine klare und strukturierte Arbeitsweise schließen und wirkt zusätzlich einladend.

Ihr Reich, das Büro

Wenn Sie nicht zufrieden mit der Gestaltung Ihres Büros sind, dann ist es jetzt an der Zeit, sich Gedanken darüber zu machen. Oft ist die Bürogestaltung nämlich eine der Hauptursachen für den Widerwillen, zur Arbeit zu gehen. Ein ungemütliches Gefühl vereinnahmt und begleitet Sie stets. Bevor Ihnen der Unmut über Ihr Büro den Spaß an der Arbeit ruiniert, sollten Sie unbedingt tätig werden.

Ihre Büro-Checkliste

Am Anfang dieses Buches hatte ich Sie gebeten, Ihr ideales Büro zu visualisieren. Haben Sie sich Notizen gemacht? Durch die nun folgenden Fragen können Sie Ihre Aufzeichnungen weiter vervollständigen. Im Grunde besteht die Hauptaufgabe dieser Checkliste darin, Ihre Wünsche von einem idealen Büro zu erkennen – und nach Möglichkeit zu erfüllen. Warum das so wichtig ist:

▸ Wenn Sie zufrieden sind, reduzieren Sie gleichzeitig Ihren Stresspegel, denn Sie müssen nichts mehr „hinterherlaufen".

▸ Zufriedenheit macht Sie selbstsicher. Um Zufriedenheit auszustrahlen, sollten Sie – zumindest Ihren Beruf betreffend – wunschlos glücklich sein.

▸ Jedermann empfindet freundliche und selbstbewusste Menschen attraktiv.

▸ Je selbstbewusster Sie sind, desto unabhängiger fühlen Sie sich. Diese Unabhängigkeit wirkt auf die Menschen in Ihrer Umgebung anziehend.

▸ Um Erfolg anzuziehen, müssen Sie sich erst einmal erfolgreich fühlen.

Lassen Sie uns diese Erkenntnisse nun auf Ihre Bürosituation übertragen.

Ihre Büro-Checkliste	
Was stört Sie an Ihrem Büro? Ist es die Ordnung, die Möblierung oder der Einrichtungsstil im Allgemeinen?	✓
Was können und dürfen Sie verändern? Können Sie die Möbel umstellen oder gar erneuern? Dürften Sie sogar eine Wand farbig streichen? Oder können Sie Unterlagen ins Archiv auslagern?	
Welche Mittel und Möglichkeiten stehen Ihnen zur Verfügung, um eine Veränderung herbeiführen?	
Gibt es etwas Persönliches in Ihrem Büro – etwas, das Ihnen vertraut ist? Hiermit meine ich keine Familienfotos oder die Trophäe Ihres Sportklubs. Es sollte etwas sein, was Sie sich geleistet haben. Etwas, was Sie nicht von Ihrem Arbeitgeber erwarten oder einfordern, wie zum Beispiel Ihre eigene kleine Kaffeemaschine, wenn Ihnen der Filterkaffe aus der Küche nicht schmeckt. Eine Pflanze oder frische Schnittblumen. Ein Wandbild ganz nach Ihrem Geschmack. Einen Brunnen, um die Luft und die Zimmeratmosphäre zu verbessern. Vielleicht sogar ein eigener Bürostuhl, wenn Sie auf diesem besser sitzen?	

! Achtung

Nicht immer sind Sie verantwortlich für Ihre Büro-situation. Vielleicht wurde Ihnen das Büro zugeteilt oder Sie haben eine Abteilung inklusive Büroaus-stattung und Arbeitsunterlagen übernommen. Sehen Sie in der Situation Ihre persönliche Herausforderung und machen Sie das Beste daraus.

Auch wenn Sie das Büro mit einem Kollegen oder einer Kollegin teilen: Sprechen Sie miteinander und finden Sie gemeinsame Ansatzpunkte für Ihre Büroveränderung.

Büroübernahme

Frau G., Mitarbeiterin eines großen Unternehmens, wurde endlich befördert und hat die neue Herausforderung voller Freude angenommen. Diese Freude dauerte solange an, bis ihr das neue Büro zugeteilt wurde. Das Büro gehörte einem Kollegen, der sich nach über 30 Jahren Betriebszu-gehörigkeit in die Rente verabschiedete. Zwischen Frau G. und ihrem Vorgänger lagen nicht nur Jahrzehnte Altersunterschied, sondern auch Welten, was die Arbeits-weise und die Büroeinrichtung betraf.

Nach einigen Wochen erfolgloser Versuche entschied sich Frau G., ihr neues Büro mit meiner Unterstützung nach ihren persönlichen Wünschen zu optimieren. Das war ihre Investition für ihre persönliche und erfolgreiche Zukunft in diesem Betrieb. Als ich das Büro das erste Mal betrat, wurde mir klar, warum sich Frau G. so unwohl gefühlt hatte. Ich konnte die Energie des Vorgängers förmlich riechen, dadurch war er im Büro immer noch sehr präsent.

Gemeinsam mit Frau G. erarbeitete ich einen Plan, wie das Büro von Grund auf und im Rahmen der gegebenen Möglichkeiten neu gestaltet werden konnte. Einer der wichtigsten Faktoren war das Ausmisten alter und unnötiger Unterlagen. Nachdem jede Menge Papier entsorgt war, konnten auch einige Büroschränke aus dem Raum entfernt werden. Jetzt gab es wiederum mehr Möglichkeiten, um den Schreibtisch optimal zu positionieren. Die Geschäftsführung erlaubte sogar, eine Wand in einem dezenten Farbton zu streichen. Zum Abschluss der Arbeiten wurde ein kleiner Zimmerbrunnen aufgestellt und ein passendes Wandbild angebracht. Der Raum fühlte sich nun wie eine Oase an. Nicht nur für Frau G., sondern für alle Mitarbeiter ihrer Abteilung.

Sie müssen und dürfen sich in Ihrem Büro nicht gefangen fühlen! Wenn Sie die Empfehlungen der nächsten Kapitel Schritt für Schritt umsetzen, dann werden auch Sie aus Ihrem Büro eine Oase der Inspiration und Kraft schaffen.

Auf den Punkt gebracht

▸ Wenn Sie sich in Ihrem Büro unwohl fühlen oder nicht gerne Zeit dort verbringen, dann ist nun der Zeitpunkt für räumliche Veränderungen gekommen.

▸ Nur in einem Raum, in dem Sie sich gut und unterstützt fühlen, können Sie effizient arbeiten.

▸ Erkennen und befriedigen Sie alle Wünsche, die mit Ihrem Arbeitsplatz in Verbindung stehen. So gewinnen Sie an Selbstbewusstsein und Zufriedenheit.

Entrümpeln – aber richtig!

> *„Wenn man ein Leben inmitten von Gerümpel führt,*
> *kann man sich unmöglich darüber klar werden,*
> *was man in seinem Leben tut."*
>
> *Karen Kingston*

Ordnung schaffen

Beginnen wir mit einem Test! Setzen Sie sich in Gedanken an einen voll geräumten Schreibtisch. Wie fühlen Sie sich dabei? Häufen Sie noch ein paar Akten obendrauf, wenn der Schreibtisch in Ihren Gedanken nicht voll genug ist. Wie fühlen Sie sich jetzt? Angespannt, kraftlos? Wie steht es um Ihre Motivation, mit der Arbeit zu beginnen?

So, und jetzt wischen Sie den ganzen Haufen in Gedanken mit einem Schwung in den Altpapierbehälter. Wie fühlen Sie sich nun? Sehr befreit, oder? Genau dieses Gefühl der Freiheit soll Sie nun motivieren, Ihren Arbeitsplatz wirklich und nicht nur in Gedanken aufzuräumen.

! **Achtung**
Bevor Sie Feng Shui-Empfehlungen umsetzen, müssen Sie den dafür notwendigen Raum schaffen oder anders gesagt: „Ihre Basis".

Die Lebensenergie (Qi), Feng Shui und die Ordnung hängen eng zusammen. Aber wo sind die Schnittpunkte? Feng Shui basiert auf Ordnung. Eine der wichtigsten Größen im Feng Shui ist wiederum das Qi, die Energie um uns. Diese sollte in den Arbeitsräumen völlig frei fließen können und jeden einzelnen Winkel unseres Büros erreichen und mit Energie erfüllen. Sobald der Fluss durch Gerümpel gestört ist, wird Ihre Leistungsfähigkeit eingeschränkt. In der Folge kann Ihre Produktivität abnehmen.

Mit der nächsten Übung können Sie einfach und schnell überprüfen, ob Sie sich mit „Gerümpel" umgeben.

Übung: Umzug in ein neues Büro

Stellen Sie sich vor, Sie sind befördert worden und müssen nun innerhalb weniger Stunden in ein neues Büro umziehen. Würden Sie es schaffen, Ihre wichtigsten persönlichen Dinge in diesem kurzen Zeitraum einzupacken, um Ihrem Nachfolger ein leeres Büro hinterlassen zu können? Nein? Dann sind diese Überlegungen vielleicht nützlich:

‣ *Welche Unterlagen können Sie z.B. digital ablegen?*

‣ *Gibt es ein zentrales Archiv für alte Unterlagen?*

‣ *Haben Sie im Büro Sachen, die Sie nicht benötigen oder die nicht Ihnen gehören?*

Wäre so ein schneller Umzug nicht erstrebenswert?

Im meinem Beratungsalltag habe ich viele Büros gesehen, in denen die Mitarbeiter nahezu papierlos arbeiten. Dadurch haben die Räume eine gewisse Leichtigkeit, weil weniger Möbel und Mülleimer benötigt werden.

Natürlich ist diese Arbeitsweise nicht für jedes Unternehmen geeignet. Zum Beispiel benötigen Steuerberater oder Rechtsanwälte Akten und Originale, die in Papierform aufbewahrt werden müssen. Hier wäre ein großzügiges, organisiertes und zentrales Archiv eine gute Lösung.

> **Achtung**
>
> Heutzutage kann nahezu alles digital gespeichert, abgelegt und archiviert werden. Gehen Sie davon aus, dass Ihnen alle notwendigen Informationen an jedem Arbeitsplatz im Unternehmen zur Verfügung stehen.

Stapel mit unerledigten Vorgängen und Akten ziehen uns gedanklich regelrecht in den Keller. Ein Teil unserer Aufmerksamkeit steckt förmlich in den Stapeln. Genau diese Energie fehlt uns jedoch, um die anderen Bereiche unseres Jobs gut zu erfüllen.

Wenn Sie aufgrund von laufenden Projekten, Terminen und Meetings keinen Zeitpunkt für das Aufräumen in Sicht haben, dann sollten Sie ernsthaft überlegen, ob Sie einen Urlaubstag investieren. Ich habe hier bewusst nicht das Wort „opfern" gewählt, denn es geht um eine Investition in Ihre berufliche Zukunft. An diesem Tag sind Sie für niemanden zu sprechen. Der PC bleibt aus und der Anrufbeantworter kümmert sich um dem Rest.

Mit dem Ausmisten beginnen!

Zweifellos ist die Überwindung am schwierigsten, mit dem Ausmisten zu beginnen. Es gibt viele Ausreden, warum der jetzige Zeitpunkt nicht der Richtige ist. Ich möchte vier hervorheben und zeigen, wie Sie diese bewältigen können:

▸ **„Im Stress sein":** Gerümpel, also die Unübersichtlichkeit des Arbeitsplatzes, verursacht Stress. Ausmisten ist die beste Therapie gegen äußeren Druck und Ängste.

▸ **„Sich überfordert fühlen"**: Beginnen Sie mit kleinen Bereichen, zum Beispiel einer Schublade, bevor Sie sich an den großen Aktenschrank trauen. Viele kleine Schritte bringen Sie auch zum Ziel!

▸ **„Zu beschäftigt sein"**: Obwohl Sie sehr beschäftigt sind, haben Sie auch die Zeit gefunden, das Gerümpel anzusammeln. Nun sollten Sie die Verantwortung hierfür tragen. Nehmen Sie sich ausreichend Zeit, um es wieder los zu werden.

▸ **„Unsicher, was Sie aussortieren sollen"**: Häufig ist die Ursache für diese Unsicherheit in den Ängsten zu finden. Ängste jedoch hängen mit dem Gerümpel zusammen. Wenn Sie schrittweise auf- und ausräumen, verringert sich das Gerümpel – und so auch die damit verbundenen Ängste. Sie gewinnen an Zuversicht.

Es gibt viele Möglichkeiten, wie Sie beim Ausmisten vorgehen können. Die sogenannte „Kistenmethode" ist sicherlich die bekannteste. Hierfür verwenden Sie mehrere Kisten oder Kartons, die nach Ihrem Bedarf einer Kategorie zugeordnet werden.

Achtung

Bevor Sie Ihre überflüssigen Besitztümer einer dieser Kisten zuordnen: Überlegen Sie, was Sie wirklich für Ihre Arbeit benötigen und wo der richtige und dauerhafte Platz dafür wäre. Entsorgen Sie alles, was Sie mehrfach haben. Es muss nicht unbedingt alles gleich auf den Müll, aber Sie sollten die richtige Kiste für den Gegenstand finden.

▸ **Die Müll-Kiste**
In diese Kiste gehört alles, was eindeutig zum Weg-
werfen bestimmt ist. Den meisten Müll entsorgen wir
sofort, aber haben Sie schon mal einen Karton aufbewahrt, weil Sie ihn eventuell mal für den Versand benötigen könnten? Oder alte Ordner, die schon auf dem
Weg zum Mülleimer waren und dann doch noch als gut
genug befunden wurden, um auf ihre Verwendung zu
warten? Das ist der versteckte Müll, der auch ausgemis-
tet werden muss.

▸ **Die Wiederverwertungskiste**
Wenn Sie beispielsweise fünf blaue Kugelschreiber, vier
Bleistifte, drei gelbe Marker, unzählige Post-it® Notes,
Notizblöcke oder Ähnliches auf dem Schreibtisch liegen
haben, dann gehören diese überflüssigen Büromateria-
lien hier hinein. Kurz gesagt: In diese Kiste gehört alles,
was Sie nicht mehr benötigen oder doppelt besitzen.
Auch geliehene Gegenstände, die zum Eigentümer zurück müssen. Am Ende des Tages leeren Sie die Kiste
aus, bringen alles an seinen Platz zurück (zum Beispiel in
den Büromittelschrank) und stellen somit diese Dinge
den Kollegen wieder zur Verfügung.

▸ **Die Unentschiedenheitskiste**
Diese sollte die kleinste der Kisten sein. Sie schafft einen
kleinen Puffer für die Aufbewahrung einiger Gegenstände, bei dessen Verwendung Sie unentschlossen
sind. Die wichtigste Regel für diese Kiste: Wenn Sie ihren Inhalt innerhalb eines halben Jahres nicht vermisst
haben, kommt die Kiste ungeöffnet in den Müll.

Falls Sie während des Aufräumens einen Widerstand spüren, Gegenstände wegzugeben, weil Sie diese vielleicht noch einmal brauchen könnten: Vertrauen Sie darauf, dass Ihnen der benötigte Gegenstand zum gegebenen Zeitpunkt zur Verfügung stehen wird.

Werfen Sie alles weg, was Sie nicht wirklich benötigen. Dinge, die nicht Ihnen gehören, bringen Sie zum Eigentümer zurück. Alles andere bekommt einen festen Platz zugewiesen. Am Ende einer solchen Aufräumaktion sind Sie zwar erschöpft, aber glücklich und erleichtert. Wenn Sie am nächsten Tag in das aufgeräumte Büro kommen, sind Sie stolz und fühlen Sie einfach wohl.

Gerümpelfrei bleiben!

Doch wie lange dauert es, bis Ihr Büro wieder mit Papier zugemüllt ist? Wann stellt sich der alte Zustand wieder ein? Sie müssen langfristig etwas ändern. Beispielsweise so: Um wirklich frei von weiterem Gerümpel zu bleiben, entscheiden Sie am besten im Vorfeld, was Sie mit dem neu gewonnenen Platz anfangen möchten. Folgen Sie dem Motto: „Alles an seinen Platz und Platz für alles!"

Vielleicht wollten Sie schon längst eine Blume auf die Fensterbank stellen oder sogar einen Brunnen, doch der Platz hat Ihnen bisher gefehlt. Denken Sie jedoch immer daran, sich auch Freiraum zu geben, um neue Projekte und Aufgaben anzugehen. Oder einfach mehr Zeit, um entspannter zu arbeiten.

So halten Sie die Papierflut unter Kontrolle!

▸ Tauschen Sie Ihren derzeitigen, meist zu kleinen Altpapierbehälter gegen einen größeren aus. Das wird Sie dazu bringen, überflüssiges Papier schneller zu entsorgen. Mit der Zeit wird Ihnen bewusst werden, wie viel Papier Sie täglich wegschmeißen und Sie werden öfter überlegen, ob Sie den „Print-Button" betätigen.

▸ Wenn Sie mit einer Pinnwand arbeiten, dann benutzen Sie diese nur für aktuelle Dinge. Alles, was erledigt oder veraltet ist, sollten Sie gleich entsorgen.

▸ Gewöhnen Sie sich ab, Gesprächsnotizen oder Erinnerungen auf Post-it® Notes zu schreiben, denn diese Notizen verschmutzen Ihren Verstand und zerstreuen Ihre Energie. Besorgen Sie sich ein gebundenes Notizbuch, in dem Sie alles strukturiert festhalten und abzeichnen, sobald Sie ein To-do erledigt haben.

▸ Wenn Sie einen Brief öffnen, dann sollten Sie ihn am besten auch gleich bearbeiten. Das Gleiche gilt auch für E-Mails, die Sie lesen und vielleicht auch ausdrucken. Bedenken Sie: Alles, was Sie zunächst nur „überfliegen" ohne es zu bearbeiten, müssen zu einem späteren Zeitpunkt erneut lesen! Indem Sie die (elektronische) Post in einem Schwung abarbeiten, reduzieren Sie automatisch die Papiermenge auf Ihrem Schreibtisch und somit auch einen Posten auf Ihrer To-do-Liste.

Achtung

Integrieren Sie das Ausmisten in Ihr Leben und lassen Sie nicht Ihr Leben von dieser Aktivität bestimmen.

Mein Fazit als Feng-Shui-Beraterin: Ein aufgeräumter Arbeitsplatz bedeutet einen klaren Verstand, der Ihnen wiederum einen schärferen Blick für neue Möglichkeiten und Visionen eröffnet. So lautet eine chinesische Weisheit: *„Willst Du das Geschehen der Welt verändern, dann bringe zunächst Ordnung ins eigene Leben"*.

Auf den Punkt gebracht

▸ Ein vollgestopftes Büro belastet Sie körperlich und emotional, denn das Gerümpel vereinnahmt Ihre Aufmerksamkeit und trübt Ihr Zukunftsbild.

▸ Überwinden Sie Ihren inneren Widerstand und beginnen Sie mit dem Ausmisten, indem Sie Ihre ideale Bürosituation visualisieren und so zielorientiert arbeiten.

▸ Ordnung zu schaffen ist keine einmalige Angelegenheit, sondern ein fortlaufender Prozess, der mit einer gewissen Übung und Disziplin irgendwann von selbst läuft.

Wie Sie sich einrichten, so arbeiten Sie

Nachdem Sie nun Ihre Arbeitsumgebung entrümpelt, aufgeräumt und Ihren Tisch in die richtige Position gebracht haben, ist es an der Zeit, sich um die übrige Büroeinrichtung und eventuelle Accessoires zu kümmern. Das Büro soll zwar aufgeräumt, aber nicht steril wirken. Es soll Sie zum Arbeiten einladen. Wenn Sie es betreten, sollten Sie sich willkommen fühlen und von Gegenständen umgeben sein, die Sie gerne um sich herum haben.

Als Angestellte(r) können Sie häufig nicht so frei agieren, denn die grundlegende Einrichtung ist vorgegeben: der Schreibtisch, die Ablageflächen und Regale – meist einheitlich dank klassischer Büromöbel. Dennoch können Sie alles durch Ihren eigenen Stil individualisieren. Lesen Sie im folgenden Abschnitt, wie Sie mit verschiedenen Einrichtungsgegenständen das Qi in Ihrem Büro erhöhen können.

Vorhandene Büromöbel

Wenn Sie einen Arbeitsplatz beziehen, dann erwarten Sie meist folgende Möbel:

▸ der Schreibtisch mit dem dazugehörigen Rollcontainer,

▸ der Bürostuhl,

▸ ein Aktenschrank und eingebaute Bücherregale sowie

▸ eventuell ein Sideboard.

Alle Büromöbel sind meist in einem dezenten Graufarbton gehalten, gepaart mit einem dunklen Teppichboden. Wenn Sie Glück haben, hat das Büro einen schönen Holzboden. Sehr oft finden Sie, wenn es nicht ein absoluter Neubezug ist, auch noch Unterlagen und Einrichtungsgegenstände Ihrer Vorgänger. Entfernen Sie alles aus Ihrem neuen Büro, was Ihnen nicht gefällt und Sie nicht brauchen.

Mithilfe der folgenden Checkliste können Sie jedes Möbelstück an die richtige Stelle bringen. Tun Sie dies, bevor Sie Ihre Unterlagen einräumen. So können Sie die Möbel solange verschieben, bis Sie ein gutes Raumgefühl haben.

Checkliste: Büroräume Schritt für Schritt umgestalten	
Der erste Schritt: Stellen Sie den Schreibtisch in eine wie in dem vorherigen Kapitel beschriebene günstige Position. Der Rollcontainer gehört, wenn Sie Rechtshänder sind, rechts unter den Tisch, ansonsten links.	✓
Achten Sie bei dem Bürostuhl darauf, dass er über eine ergonomische Form verfügt. Schließlich sitzen Sie mindestens acht Stunden täglich darauf. Die modernen Bürostühle sind oft sehr dominant. Wenn Sie also einen großen, schwarzen Ledersessel zur Verfügung gestellt bekommen und Sie wissen, dass er der falsche Blickfang für Ihr Büro ist, dann versuchen Sie ihn gegen einen weniger auffälligen einzutauschen.	
Der Aktenschrank ist meist raumhoch und zweitürig. Wenn es der Raum zulässt und Sie die Option haben, dann tauschen Sie den hohen Doppelschrank gegen zwei halbhohe Doppelschränke. Wenn Ihnen dieser Tausch nicht gelingt, dann stellen Sie den Aktenschrank so weit wie möglich von Ihrem Schreibtisch entfernt auf (siehe Abb. 7 und 7.1).	
Hin und wieder werden über ganze Bürowände hinweg Bücherregale eingebaut. Diese können natürlich nicht mehr bewegt werden. Wenn Sie an diesem Regal jedoch Türen anbringen lassen, entsteht eine zweite Wand (da raumhoch und geschlossen) und stellt keine Beeinträchtigung mehr dar.	
Ein geschlossenes Sideboard können Sie entweder vor Ihren Schreibtisch oder hinter sich stellen. Wenn Sie beispielsweise laufend Unterlagen benötigen, die sich im Sideboard, befinden, dann ist es vom Arbeitsablauf her passender, alles in Griffweite zu haben, als regelmäßig den Arbeitsfluss zu unterbrechen, um Unterlagen zu holen (siehe Abb. 7 und 7.1).	

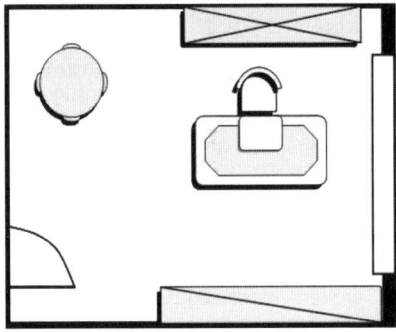

Abbildung 7: Ungünstige Büromöbelanordnung

Der raumhohe Schrank in Abbildung 7 befindet sich im Rücken und wirkt drückend auf die Person am Schreibtisch. Werden die Positionen des Schrankes und des Sideboards verändert, kann eine deutlich bessere Arbeitsposition geschaffen werden.

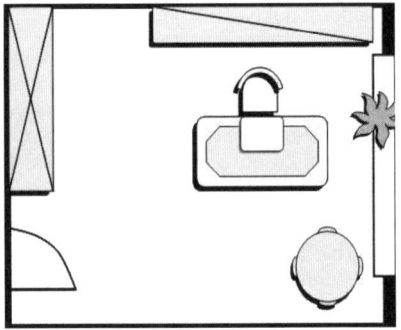

Abbildung 7.1: Optimierte Büromöbelanordnung

Besuch bei einer Unternehmensberatung

Als ich zu einem Vortrag in die Büroräume einer weltweit tätigen Unternehmensberatung eingeladen wurde, zeigten mir meine Gastgeber ihre neu errichtete Unternehmenszentrale. Sie war von namenhaften Architekten geplant und eingerichtet worden. Während der Besichtigung fiel mir auf, dass die Büroräume sehr kühl und distanziert wirkten, obwohl sie voller Menschen waren. Die Tische in den Großraumbüros wurden wie Schulbänke in geraden Linien in den Raum gestellt – ohne Rücksicht auf die Privatsphäre der Mitarbeiter.

Die Einzel- und Zweierbüros wirkten leblos und die Mitarbeiter machten auf mich den Eindruck, als wären sie kleine Mäuse in dunklen Löchern, obwohl die Räume ausreichend beleuchtet waren. Es gab sogar ein Einzelbüro ohne Fenster, welches zu diesem Zeitpunkt zwar noch nicht besetzt war, aber bereits den Gedanken an so ein Büro fand ich erschreckend.

Am Ende des Rundgangs wurde ich in ein großes Besprechungszimmer geführt. Es war ein Raum, wie es ihn tausendfach in dieser Form gibt, und doch „drückte er auf das Gemüt". Die dunklen Wände, die verhältnismäßig kleinen Fenster, gepaart mit viel Chrom, wirkten einfach ungemütlich und kühl. Nichts in diesem Raum lebte. Mit der Zeit bemerkte ich, wie die Menschen um mich herum nervöser wurden, und dann spürte ich förmlich die Erleichterung, nachdem wir den Raum wieder verlassen hatten.

Mein Fazit: Bereits mit wenigen Handgriffen, einigen Pflanzen und passenden Bildern könnte die Grundenergie in den Räumen stark verbessert werden.

Bitte verzweifeln Sie nicht, wenn Sie die Möbel weder austauschen noch verrücken können. Schaffen Sie sich dennoch einen Blickfang für Ihr Büro, indem Sie sich beispielsweise einmal in der Woche frische Schnittblumen besorgen. Finden Sie einen schönen Brunnen oder vielleicht einfach nur Ihre eigene besondere Kaffeetasse.

Feng Shui & Möbelrücken

Manchmal wird Feng Shui mit Möbelrücken gleichgesetzt. Feng Shui in das Berufsleben zu integrieren, ist viel mehr, aber das umgangssprachliche Möbelrücken und Ausprobieren ist ein wichtiger Bestandteil davon. Scheuen Sie sich nicht, die Möbel mehrfach umzustellen – und zwar so häufig, bis es „klick" macht. Bis es sich für Sie so anfühlt, als ob alles im Raum an der richtigen Stelle eingerastet ist.

Auf den Punkt gebracht

▸ Richten Sie Ihr Büro so ein, dass Sie sich dort wohl und willkommen fühlen.

▸ In der Regel stehen Ihnen einheitliche Büromöbel Ihres Arbeitgebers zur Verfügung, diese können Sie dennoch nach Ihrem Geschmack und unter Berücksichtigung einiger Feng Shui-Kriterien aufstellen.

▸ Stellen Sie hohe Schränke so weit wie möglich von Ihrem Sitzplatz weg.

▸ Halbhohe Sideboards können hinter Ihnen oder gegenüber Ihres Schreibtischs platziert werden.

Machen Sie Ihr Büro einzigartig

Die Standardausstattung Ihres Büros hat ihren Platz gefunden. Ihr Büro ist aber noch lange nicht fertig eingerichtet. Es fehlen all die Gegenstände, die das Büro zu Ihrem Büro machen – zu einem Raum, der Ihre „Handschrift" trägt.

> Hierfür stehen Ihnen verschiedene Möglichkeiten zu Verfügung. Es ist allerdings wichtig, dass Sie sich nur mit Sachen umgeben, die Sie persönlich mögen. Bitte stellen Sie nichts in den Raum, nur weil es laut Feng Shui dort hingehört! Suchen Sie immer nach Alternativen, die Ihnen zusagen.

Ein Brunnen für mehr positive Energie

Wasser steht im Feng Shui für Klarheit, Individualität, Flexibilität und Bewegung. Vor allem aber gilt es als Symbol für Geldfluss und Reichtum. Mithilfe von Brunnen können Sie einen beständigen positiven Energiefluss an Ihrem Arbeitsplatz kreieren und damit Ihr Berufsleben zu Ihrem Vorteil verbessern.

Wenn Sie den Brunnen aufstellen, achten Sie in jedem Fall darauf, dass er nicht im Süden steht. Der Süden, im Feng Shui dem Feuer zugeordnet, steht dem Wasser entgegen. Wenn Wasser und Feuer zusammenkommen, entstehen Turbulenzen und somit ungünstige Auswirkungen.

Auf dem Schreibtisch ist der Brunnen auch nicht gut platziert. Denn: Er nimmt Platz in Anspruch, der für die

Arbeit benötigt wird. Zudem stehen Sie immer unter einer gewissen Anspannung, das Wasser nicht zu verschütten.

Es ist außerdem sinnvoll, zwei Meter Abstand vom Brunnen zu halten, denn Wasser ist neben dem Qi eines der machtvollsten Elemente im Feng Shui.

Sofort-Tipp

Der beste Platz für einen Brunnen ist entweder die Fensterbank oder das Sideboard. Den Brunnen sollten Sie vor sich haben, um im übertragenen Sinn Ihren Geldfluss immer im Blickfeld zu haben.

Wenn Sie einen Brunnen aufstellen, um zum Beispiel Ihren Geldfluss zu aktivieren, dann sollen Sie den Brunnen unbedingt regelmäßig pflegen. Sie stellen eine Verbindung zwischen dem Wasser und Ihrem Geldfluss her. Somit kann sich diese Maßnahme positiv oder auch negativ auswirken. Wenn also die Wasserpumpe wegen Verkalkung ihren Dienst quittiert, dann kann sich diese Wirkung auch auf Ihren Geldfluss übertragen.

Einen weiteren positiven Effekt des Brunnens bemerken Sie sehr schnell an der Luftqualität. Wegen der vielen Elektrogeräte, die sich in modernen Büros befinden, wird die Luft häufig als stickig und trocken empfunden. Das Wasser bindet den Staub aus der Luft und befeuchtet sie zusätzlich. Mit dem Aufstellen eines Brunnens an Ihrem Arbeitsplatz gewinnen Sie eine Vielzahl von Vorteilen für Ihre Gesundheit und Ihren Erfolg.

Pflanzen als Energiequelle

Im Feng Shui spielen Pflanzen schon seit jeher eine wichtige Rolle. Wenn Ihre Büropflanzen gepflegt und gesund sind, dann sind sie ein sehr guter Energiespender. Abgesehen davon, dass Pflanzen Lebendigkeit und Farbe in die Räume bringen, können sie im Feng Shui in folgenden Bereichen gezielt eingesetzt werden:

▸ Manche Pflanzen reinigen die Luft im Büro, indem Sie Giftstoffe aufnehmen und in gereinigte Luft umwandeln. Im Büro ist die Luft meist mit E-Smog aufgeladen. Diese Pflanzenarten erfrischen die Atmosphäre im Büro besonders gut: Friedenslilie, Peperomien, Gänsefußpflanzen, Zwergbananenpflanzen oder Goldener Pothos.

▸ Wie Sie im Kapitel „Ihr Thron, der Schreibtisch" lesen konnten, eignen sich Pflanzen hervorragend als Unterbrechung der häufig vorkommenden Tür-Fenster-Linien. Sie lenken das Qi nämlich wieder zurück in den Raum.

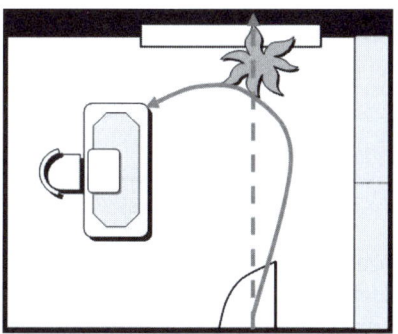

Abbildung 8: Unterbrechung der Tür-Fenster-Linie durch eine Pflanze, damit sich das Qi besser im Raum verteilen kann

▸ Viele Büros werden entlang langer Flure angeordnet. Die Flure sind oft kahl und schlecht beleuchtet. Das Qi fließt hier sehr schnell. Es entsteht eine Art Energieautobahn. Wenn Sie nun Pflanzen mit geeigneter Beleuchtung im Flur aufstellen, verlangsamen Sie das Qi. So wirkt der Flur einladender und die Büros haben eine bessere Qi-Versorgung.

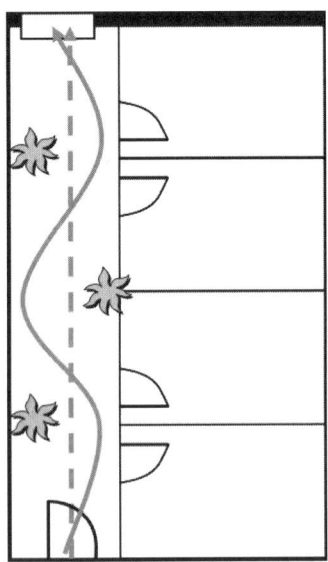

Abbildung 9: Das Qi mit Pflanzen lenken

▸ Mit Pflanzen können Sie hervorstehende Ecken verdecken – unabhängig davon, ob diese durch Wände oder Möbel verursacht werden –, und somit diesen Störfaktor beseitigen. Mehr über ungünstige Raumstrukturen lesen Sie im nächsten Kapitel.

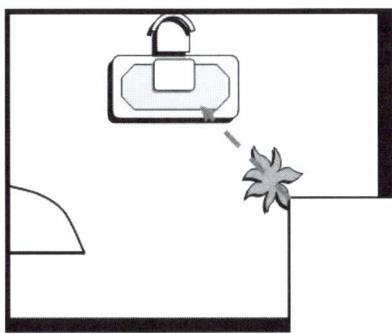

Abbildung 10: Eine Pflanze vor der hervorstehenden Wandkante verdeckt die ungünstige Struktur des Raumes.

Blattformen

Achten Sie bei der Auswahl Ihrer Pflanzen besonders auf die Form der Blätter. Pflanzen mit spitz zulaufenden Blättern können als sehr unangenehm empfunden werden, vor allem im Empfangsbereich, Büro und im Besprechungszimmer. Bevorzugen Sie daher an Orten, an denen Sie sich länger aufhalten, Pflanzen mit rundlichen Blättern.

Bilder für mehr Lebendigkeit im Raum

Im Feng Shui wird Bildern eine hohe Bedeutung zugeschrieben. Durch ihre Farben, Inhalte, Größe und Dynamik sind sie bestens dafür geeignet, um in einen Raum Farbe und Lebendigkeit zu bringen. Außerdem sind sie praktisch, weil man nahezu unbegrenzte Auswahlmöglichkeiten hat. Allerdings sollten Sie der Symbolik eines Bildes Ihre Aufmerksamkeit schenken, denn auf den Kunstwerken dürfen keine aggressiven oder negativen Assoziationen vermittelt werden. Diese können Ihre Stimmung, aber auch das allgemeine Arbeitsklima negativ beeinflussen.

Jedes Bild strahlt eine eigene Energie aus, die sowohl positiv als auch negativ sein kann. So wirken sich beispielsweise **motivierende Bilder** positiv auf Ihre Arbeit aus, etwa die Skyline einer Stadt, Wassermotive, weitläufige Landschafen oder heitere Menschen.

Sofort-Tipp

Möchten Sie ein Bild **hinter Ihrem Sitzplatz** am Schreibtisch anbringen, dann wählen Sie ein ruhiges, stabiles Motiv, zum Beispiel eine Berglandschaft.

Checkliste für die Auswahl Ihrer Bilder	
Wie ist die Stimmung, die vom Bild ausgeht? Ist sie drückend, weil das Bild trüb und traurig ist? Oder haben Sie einen Blick auf eine Stadt, einen See oder eine schöne Landschaft? Umgeben Sie sich nur mit Dingen, die bei Ihnen einen guten und positiven Eindruck hinterlassen.	✓
Im Allgemeinen werden im Feng Shui Bilder vorgezogen, die nicht zu bunt, zu abstrakt oder zu kontrastreich sind. Auch Portraitbilder sind nicht immer geeignet, weil man sich durch sie beobachtet fühlen könnte.	
Am besten passen Bilder, die Sie persönlich dazu motivieren, alles zu tun, um Ihre eigenen Ziele und Vorstellungen zu realisieren.	

Positive Energie durch eigene Bilder

Natürlich können Sie auch eigene Kunstwerke im Büro aufhängen. Sie haben eine sehr starke Ausstrahlungskraft, weil sie einzigartig sind und man eine persönliche Verbindung zu ihnen hat. Wählen Sie die Motive für das Büro trotzdem mit Bedacht. In Ihrer Arbeitsumgebung sollten nur Bilder hängen, die Ihre berufliche Entwicklung unterstützen.

Hamsterrad

Eine selbstständige Vertreterin hatte mich um eine Feng Shui-Beratung gebeten. Sie beschwerte sich darüber, die Zeit nicht effizient nutzen zu können, obwohl sie einige Zeitmanagementtechniken sehr konsequent anwandte. Noch mehr Kopfzerbrechen brachte ihr der Umstand, dass sie trotz 40-Stunden-Woche nur einen Verdienst hatte, der einer 20-Stunden-Woche entsprach. Das führte regelmäßig zu finanziellen Engpässen.

Während wir in ihrem Büro über ihre aktuelle Situation sprachen, fiel mir sofort das Bild auf, das gegenüber dem Schreibtisch hing. Ich machte sie darauf aufmerksam. Es zeigte einen Hamster im Hamsterrad und im Hintergrund tickte eine überdimensional große Uhr.

In meinen Augen hatte das Bild folgende Affirmation: Der Hamster läuft in seinem Rad und erreicht nichts. Mit der Uhr im Hintergrund deutet alles auf reinen Zeitvertreib hin. Allerdings arbeitete meine Kundin keineswegs nur, um sich die Zeit zu vertreiben, sie musste ihren Lebensunterhalt damit beschreiten.

*Ich riet ihr dringend, dieses Bild gegen ein anderes auszu-
tauschen. Sie entschied sich für ein motivierendes Zitat von
A. Graham Bell: „Gehe nicht immer auf dem vorgezeichne-
ten Weg, der dorthin führt, wo andere bereits gegangen
sind." Ein Jahr später berichtete sie mir, dass sich ihre fi-
nanzielle Situation schnell stabilisiert und sie seither keine
finanziellen Engpässe mehr hatte.*

Bringen Sie Farbe in Ihr Büro

Seit mehr als 30.000 Jahren verwenden die Menschen
Farben. Unser Leben ist nicht nur mit Farben untrennbar
verbunden, sondern wir setzen Farben auch bewusst für
bestimmte Zwecke ein. Sie ziehen die Aufmerksamkeit auf
sich und transportieren Bedeutungen.

In der Lehre des Feng Shui spielen Farben eine bedeutende
Rolle, wenn es um die Raumgestaltung geht. Die Wirkun-
gen der Farben werden gezielt angewandt, um die Raum-
energien zu stärken.

Vielleicht haben Sie die Möglichkeit, etwas Farbe auf die
meist weißen Wände Ihres Büros zu bringen. Damit sowie
mit den passenden Accessoires können Sie die Raumatmosphäre eines steril und kalt wirkenden Büros verändern.
Durch wenige Handgriffe schaffen Sie einen Raum, der
gleich wesentlich freundlicher wirkt und energiereicher ist.
Denn: Farben wirken wie Energielieferanten.

Bedenken Sie bei der Wahl des Farbtons, dass ein Gleichgewicht eingehalten werden sollte. Ein Büro ganz in Rot
kann zu Hektik, Nervosität und Konzentrationsschwäche
führen, weil Rot eine sehr aktive Farbe ist.

Passender wäre Rot beispielsweise entlang eines langen und dunklen Flurs. Andererseits wirken einheitlich mausgraue Räumlichkeiten nicht sehr aktivierend.

Im Feng Shui werden den Farben folgende Eigenschaften beigemessen:

‣ Ein dunkles Blau sollte in keinem Raum dominieren, denn diese Farbe wirkt sehr kühl. In Maßen eingesetzt, beruhigt sie und inspiriert.

‣ Rot ist eine sehr aktive Farbe. Zu viel davon kann schnell aggressiv und zu anregend wirken. Außerdem könnte es Ihnen schwer fallen, lange konzentriert zu arbeiten. Anderseits regt die Farbe, richtig eingesetzt, die Lebenskraft an.

‣ Gelb ist die Farbe der mentalen Kraft, der Nerven und der Kommunikation. Durch ihr helles Strahlen belebt und aktiviert sie und fördert den Optimismus.

‣ Grün steht für langsames, stetiges Wachstum und für einen Neubeginn. Die Farbe unterstützt das natürliche Gleichgewicht und die Ausgewogenheit. Pflanzen sind eine gute Möglichkeit, um Grün in Ihre Arbeitsumgebung einzugliedern.

Weniger ist mehr!

Bei der Implementierung von Farben in Ihr Büro sollten Sie diesen Grundsatz unbedingt beachten. Am besten sollte nur eine Wand farbig gestaltet werden. Das restliche Büro kann einfach weiß bleiben.

Ungünstige Raumstrukturen

Der Mensch ist von Natur aus runde beziehungsweise
abgerundete Formen gewöhnt und fühlt sich in so einer
Umgebung wohl. Gerade und spitze Formen werden vom
Unterbewusstsein als aggressiv und bedrohlich angesehen.

> **Achtung**
>
> Von Kanten und Ecken, wie sie durch Wandvorsprün-
> ge oder ungünstig platzierte Einrichtungsgegenstände
> entstehen, gehen im Allgemeinem negative Energie-
> strahlen aus.

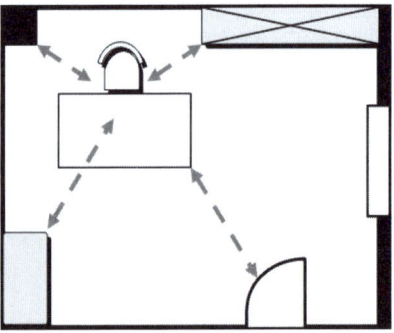

Abbildung 11: Ein Büroraum mit vielen angreifenden Ecken

In einem solchen Büro können die zahlreichen Ecken zu
Angespanntheit und Kraftlosigkeit führen. Zusätzlich zeigt
eine Schreibtischecke direkt auf die Bürotür. So werden
Ihre Kollegen geschwächt, wenn sie Ihr Büro betreten.

Wenn Sie sich ohne erkennbaren Grund an Ihrem Schreibtisch unwohl fühlen, dann schauen Sie sich den Raum genau an. Versuchen Sie festzustellen, ob es ungünstige Strukturen gibt, die Sie eventuell beeinträchtigen.

Eine ungünstige Situation können Sie, wie in Abbildung 12 dargestellt, einfach beseitigen, indem Sie

▸ mit dem Schrank den Wandvorsprung verlängern,

▸ das Sideboard umstellen, damit keine Ecke direkt auf Sie zeigt,

▸ den Schreibtisch entweder so umstellen, dass die Ecke nicht mehr in Richtung Tür zeigt, oder Sie runden ihn mithilfe eines Zusatzes ab.

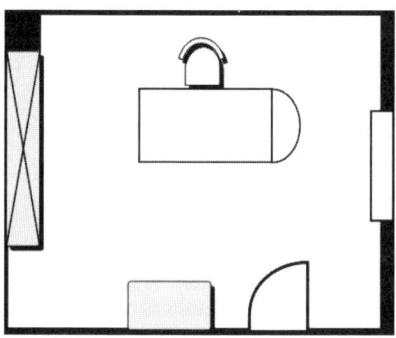

Abbildung 12: Harmonisierung ungünstiger Raumstrukturen

Und es werde Licht!

Es ist keine neue Erkenntnis, dass eine gute und angenehme Beleuchtung eine angenehme Atmosphäre erzeugt und die Konzentrationsfähigkeit erhöht. Genau wie die Pflanzen benötigen Menschen ausreichend Tageslicht für ihre gesunde Entwicklung. Ist es nicht so, dass Sie sich, wenn Sie eine neue Zimmerpflanze kaufen, genau darüber informieren, wie viel Licht die Pflanze benötigt und ob der geplante Stellplatz diesen Bedarf erfüllt?

Wenn Sie aber Ihren Schreibtisch aufstellen, wissen Sie, wie viel Licht Sie benötigen? Stellen Sie sicher, dass es ausreichend hell am Arbeitsplatz ist? Aus Erfahrung weiß ich, dass es nicht so ist. Arbeitsplätze werden häufig dort aufgestellt, wo gerade Platz ist bzw. wo sich die Steckdosen und Internetverbindungen befinden. Für Licht wird meistens anhand von Leuchtstoffröhren gesorgt. Eine Pflanze würde an so einem Platz schnell eingehen. Doch auch bei Menschen zeigt sich der Mangel: Sie sind häufig müde und die Arbeitsmotivation nimmt ab.

Natürlich sollte man zuerst das vorhandene Tageslicht optimal nutzen. Besteht weiterhin ein Mangel, kann es mit künstlicher Beleuchtung ergänzt werden. Gerade bei Licht kommt es auf die richtige Dosierung und Platzierung an. Beachten Sie die folgenden Grundsätze:

▸ Verzichten Sie auf herkömmliche Leuchtstoffröhren. Sie flimmern in einer Frequenz, die Kopfschmerzen und Müdigkeit verursachen kann. Eine gute Alternative sind Vollspektrumröhren. Das Vollspektrumlicht ähnelt dem (heute messbaren) Sonnenlicht. Somit kann es auch denselben positiven Einfluss auf das menschliche Wohl-befinden haben. Sie erhöhen so die Konzentrations-fähigkeit, beugen Ermüdungserscheinungen vor und schaffen zusätzlich ein angenehmes Raumklima.

▸ Die Arbeitsräume statten Sie am besten mit einer hellen, aber dennoch natürlich wirkenden Grundbeleuchtung aus. In Großraumbüros kann das Licht durchaus eine Stufe zu hell gewählt werden. Im Gegensatz dazu sollte man in Einzelbüros eine sanfte Beleuchtung vorziehen.

▸ Das Licht darf nicht blenden oder sich im Bildschirm spiegeln.

▸ Niedrige Räume oder Kellerbüros können mit Stehleuch-ten oder Wandstrahlern, die nach oben abstrahlen, op-tisch erhöht werden.

▸ Jeder Arbeitsplatz sollte durch eine helle, zweckmäßige Schreibtischlampe mit einem starken Lichtkegel beleuch-tet werden. Dieser Lichtkegel hilft, die Aufmerksamkeit bei der Arbeit zu fokussieren.

▸ Vergessen Sie nicht, gerade dunkle Raumecken zu beleuchten. So tragen Sie dazu bei, dass die Raumener-gie zusätzlich angehoben wird.

▸ Vermeiden Sie Halogenlampen an Orten, an denen Sie sich lange aufhalten, zum Beispiel am Schreibtisch. Durch ihre Transformatoren erzeugen sie sehr hohe E-lektrosmogwerte, die sich wiederum ungünstig auf Ihre Gesundheit auswirken.

Auf den Punkt gebracht

▸ Im Feng Shui wird fließendes Wasser mit Geldfluss in Verbindung gebracht. Ein Brunnen im Büro sollte daher immer gut gepflegt werden. Denn: Versiegt der Brunnen, stockt auch der Geldfluss.

▸ Pflanzen sind die dankbarsten Hilfsmittel, die im Feng Shui verwendet werden. Sie sind vielseitig einsetzbar und fügen sich in das Gesamtbild des Büros gut ein. Achten Sie bei der Auswahl auf die Blattform. Runde und ovale Blattformen sind spitzen vorzuziehen.

▸ Umgeben Sie sich nur mit Bildern, die Ihrem persönlichen Geschmack entsprechen und motivierend auf Sie wirken. Verzichten Sie auf trübe und traurige Motive.

▸ Sollten Sie sich dazu entscheiden, Farben im Büro einzusetzen, achten Sie darauf das Gleichgewicht im Raum zu erhalten. Keine Farbe sollte einen Raum zu stark dominieren. Vielmehr sollte durch Farbe ein Highlight gesetzt werden.

▸ Wandvorsprünge und Möbelecken wirken sich sehr ungünstig auf die Raumenergie und somit auch auf Sie aus. Sie können zum Beispiel durch Pflanzen verdeckt und somit harmonisiert werden.

▸ Eine gute Beleuchtung fördert Ihre Konzentration und Motivation. Nicht zuletzt beugt sie müden Augen vor. Sorgen Sie also für eine angenehme und ausreichende Beleuchtung am Arbeitsplatz.

Großraumbüros – effektiver Arbeitsplatz oder Schlangengrube?

Oft ist es eine Herausforderung, die richtige Balance zwischen Einzel- und Großraumbüros in einem Unternehmen zu finden. Zu viele einzelne Räume wirken sich ungünstig auf den Qi-Fluss aus. Feste Trennwände begrenzen andererseits die Kommunikation im Büro sowie die Handlungs- und Bewegungsfreiheit der Mitarbeiter.

Im Einzelbüro haben Sie Ihre Ruhe und Privatsphäre, Sie können sich aber schnell vom Geschehen abgeschnitten fühlen.

In einem Großraumbüro hingegen bekommen Sie alles mit, müssen sich aber mit einem höheren Geräuschpegel anfreunden und auf einen Großteil Ihrer Privatsphäre verzichten. Je größer ein Raum und je mehr Arbeitsplätze sich in ihm befinden, desto schneller können unterschwellige Spannungen entstehen.

Achtung

Das Unterbewusstsein nimmt unsere Umgebung sehr genau wahr. Je nachdem, ob die äußeren Reize positiv oder negativ sind, können Sie mit Wohlbefinden oder mit Stress reagieren.

Warum das so ist, erfahren Sie, wenn Sie die folgenden Fragen beantworten.

Checkliste: Was das Unterbewusstsein wahrnimmt	
Haben Sie schon mal Situationen erlebt, in denen Sie sich sehr angespannt und unwohl gefühlt haben, hierfür aber keinen Grund erkennen konnten?	✓
Wenn das während der Arbeitszeit passiert ist: Versuchen Sie sich zu erinnern, wo Sie sich zu diesem Zeitpunkt aufgehalten haben. ▸ Waren Sie im Büro eines Kollegen? ▸ Oder sogar im Büro Ihres Vorgesetzten? ▸ Haben Sie einen Kollegen oder eine Kollegin vertreten und saßen an einem fremden Arbeitsplatz?	
Erinnern Sie sich weiter: ▸ Welche Position hatte der Schreibtisch? ▸ Welches sind die größten Unterschiede zwischen Ihrem Arbeitsplatz und dem anderen?	

Achtung

Alles, was Ihnen hierzu einfällt, haben Sie in dieser Situation über Ihr Unterbewusstsein wahrgenommen. Deswegen konnten Sie sich auch nicht bewusst sein, welchem Einfluss Sie ausgesetzt waren.

Der Grund für diese Übung: Im Feng Shui geht es sehr oft um die subtile Wahrnehmung unserer Umgebung. Ein Gefühl wird erzeugt, indem sich das Unterbewusstsein mit der Intuition zusammenschließt und dem Verstand keinen Raum lässt, um zu reagieren.

In Ihrem eigenem Büro wissen Sie sehr genau, womit Sie sich umgeben, und haben die Möbelplatzierung nach Ihren eigenen Vorstellungen und vielleicht auch nach Feng Shui optimiert. Ist Ihr Arbeitsplatz aber in einem Großraumbüro, können Sie die gesamte Umgebung nicht kontrollieren. Sie konzentrieren sich bewusst auf Ihre Arbeit, doch das Unterbewusstsein ist oft einer Reizüberflutung ausgesetzt.

Die wichtigsten Grundsätze vorab

Bestimmte Feng Shui-Grundsätze gelten immer unabhängig davon, ob Sie über ein eigenes Büro verfügen oder den Raum mit mehreren Kollegen teilen. Die wichtigste Regel lautet jedoch: Sorgen Sie dafür, dass der Arbeitsplatz eine gute Rückendeckung hat. Der Blick zur Tür sollte nicht versperrt sein.

Aber auch diese Prinzipien sollten Beachtung finden:

▸ Oft stehen sich zwei Arbeitsplätze frontal gegenüber. Diese Position erleichtert vielleicht die Kommunikation zwischen den Mitarbeitern, aber die ständige Konfrontation führt langfristig zu Stress, weil sie nahezu keine Privatsphäre zulässt. Im Idealfall stehen die Schreibtische im Winkel oder diagonal zueinander mit einem Abstand von ca. 50 cm.

▸ Kann die Schreibtischposition aus Platzgründen nicht verändert werden, dann sollten Sie in der Mitte der beiden Tische einen Trennungspunkt schaffen, der den Übergang zwischen beiden Arbeitsbereichen markiert.

▸ Platzieren Sie alle Möbel so, dass keine Ecken auf andere Mitarbeiter und Sie selbst zeigen. Können Sie dies nicht vermeiden, helfen Ihnen Pflanzen bei der Harmonisierung.

▸ Wenn Sie zwangsläufig mit dem Rücken zur Tür sitzen müssen und dies nicht ändern können, dann empfehle ich Ihnen einen Stuhl mit einer hohen Rückenlehne.

▸ Störende Geräte wie Kopierer und Fax sollten, wenn möglich, aus dem unmittelbaren Arbeitsbereich heraus und in einen Nebenraum gebracht werden.

▸ Bringen Sie Unterlagen, die Sie nicht mehr oder nicht regelmäßig benötigen, in das Archiv. Lassen Sie nicht zu, dass Ballast Ihnen Platz wegnimmt. Zu viel davon lässt die Raumenergie stumpf werden.

▸ Geschwungene Tischformen mit abgerundeten Ecken sind geraden Tischstrukturen vorzuziehen.

▸ Gerade in Großraumbüros sollte man eine gute Beleuchtung haben. Wenn – wie meist – nicht ausreichend Tageslicht vorhanden ist, dann kann der Einsatz von Vollspektrumleuchten vernünftig sein.

▸ Günstig für große Räume mit vielen elektrischen Geräten ist auch ein Zimmerbrunnen, der die Luftfeuchtigkeit erhöht und den Staub bindet.

▸ Die farbliche Gestaltung von Großraumbüros kann dabei helfen, ein Wohlfühlklima zu schaffen. Die genaue Farbauswahl hängt jedoch von den Lichtverhältnissen, dem Mobiliar, der Lage des Raumes sowie von den dort arbeitenden Menschen ab.

▸ Gerade in neueren Büros werden Inseln geschaffen, wo Mitarbeiter kurz auftanken können. Hier kann zum Beispiel ein Bereich mit komfortablen Möbeln, Pflanzen und einem Brunnen eingerichtet werden. Solche Inseln wirken ausgleichend und angenehm. Häufig wird dieser Freiraum in der Büromitte gestaltet, sodass sich das Qi in der Mitte sammeln und danach im Büro verteilen kann.

Im folgenden Abschnitt möchte ich Ihnen anhand verschiedener Beispiele zeigen, wie ein Großraumbüro eingerichtet werden kann und welche Konstellationen Sie möglichst vermeiden sollten.

Arbeiten im Zweierbüro

In einem Zweierbüro lässt es sich in der Regel sehr gut arbeiten: Im Raum herrscht kein hoher Geräuschpegel, Sie können sich mit Ihrer Kollegin oder Ihrem Kollegen gut austauschen.

Achtung

Falls Sie sich dazu entscheiden, Feng Shui-Maßnahmen im Büro umzusetzen, dann ist es von enormer Wichtigkeit, dass Sie vorab mit Ihrer Kollegin oder Ihrem Kollegen über das Vorhaben sprechen und idealerweise gemeinsame Schnittpunkte finden. Gutes Business Feng Shui bedeutet, im Grundsatz die Harmonie in den Geschäftsräumen herzustellen und ein positives Raumklima zu schaffen. Wenn Sie jedoch im Vorfeld diskutieren oder gar streiten, wird der Feng Shui-Gedanke bereits im Keim erstickt.

Was machen Sie jedoch, wenn Sie einen Kollegen haben, der im Gegensatz zu Ihnen hohe Papierstapel liebt, mit Büromaterial besser ausgestattet ist als der Büromaterialschrank und den Arbeitsplatz voll mit privaten Bildern und Gegenständen hat? In einem solchen Fall ist es für Sie umso wichtiger, sich klar abzugrenzen. Sie können niemanden verändern. Wie sagte doch Carl Gustav Jung:

„Willst du die Welt verändern, dann fange bei dir selbst an."

Also beginnen Sie damit, Ordnung an Ihrem Arbeitsplatz zu schaffen. Misten Sie aus, ordnen und organisieren Sie, schaffen Sie eine gute Basis für weitere Veränderungen.

Achtung Ansteckungsgefahr

Oft erzählen mir Kunden, die sich in ähnlichen Situationen befanden, dass ihre Kollegen erst verstohlen beobachteten, was passiert und sich dann vom Ausmistfieber anstecken ließen. Ein guter Weg, um ohne Überzeugungsarbeit ans Ziel zu kommen!

Wie ich bereits in den allgemeinen Feng Shui-Grundsätzen geschrieben habe, ist eine Schreibtischplatzierung wie in Abbildung 13 (siehe nächste Seite oben) ungünstig, weil so Spannungen zwischen den Kollegen entstehen können. Besonders nachteilig ist sie für die Person am Schreibtisch A. Sie sitzt in der Linie zwischen Tür und Fenster und hat einen schlechteren Blick zur Tür als die Person am Schreibtisch B.

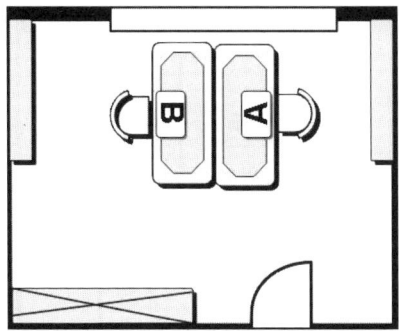

Abbildung 13: Ungünstige Platzierung zweier Schreibtische

Die Abbildungen 13.1 und 13.2 zeigen daher Maßnahmen, mit denen man die Anspannung lösen kann.

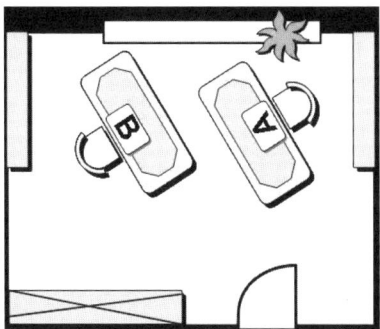

Abbildung 13.1: Lösungsvorschlag 1

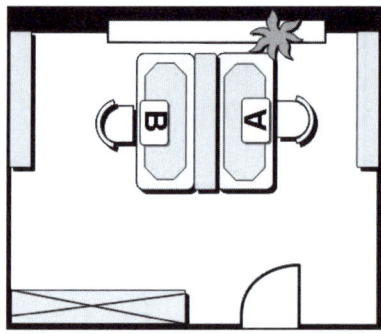

Abbildung 13.2: Lösungsvorschlag 2

Lassen sich die Schreibtische nicht diagonal zueinander aufstellen, um mehr Raum an den Arbeitsplätzen zu schaffen, dann können Sie den Abstand zwischen den Schreibtischen mit einem ca. 30 bis 50 cm breitem Zwischenstück vergrößern. Darauf können Sie Pflanzen oder andere Accessoires stellen. So entsteht eine dezente Trennungslinie.

> **Achtung**
>
> Nutzen Sie diesen zusätzlichen Raum keinesfalls als Ablagefläche für Ihre Akten, Sie wollen sich doch das Verhältnis zu Ihrem Kollegen nicht verbauen.

Die Pflanze im Fenster unterbricht die Tür-Fenster-Linie, damit die Person an Schreibtisch A eine geschützte Arbeitsposition hat.

Sofort-Tipp

Könnten Sie sich Ihren Arbeitsplatz in einem solchen Büro auswählen, dann empfehle ich Ihnen den Schreibtisch B. In dieser Position sitzen Sie am Kraft- und Kontrollpunkt des Raumes.

Arbeiten im Gemeinschaftsbüro

Sobald mehr als zwei Schreibtische in einem Raum stehen, wird es immer schwieriger, allen persönlichen und den Feng Shui-Anforderungen gerecht zu werden. Natürlich erhöht sich der Geräuschpegel und Sie müssen mit den verschiedenen Eigenschaften mehrerer Kollegen auskommen. Mit anderen Worten: Es wird immer schwieriger, einen gemeinsamen Konsens in Bezug auf räumliche Veränderungen zu finden.

Achtung

Auch in solchen Fällen sollten Sie nicht aufgeben, um eine gute Arbeitsatmosphäre zu schaffen. Wenn nötig, holen Sie sich Hilfe von außen. Sprechen Sie mit Ihrem Vorgesetzten über Ihre Wünsche und Pläne und bitten Sie ihn zu vermitteln.

In der nachfolgenden Abbildung 14 habe ich Ihnen eine übliche Bürosituation mit drei Arbeitstischen aufgezeigt. In diesem Fall ist die Tischposition von A, wegen der Tür-Fenster-Linie, etwas unruhig. B hat hingegen einen sehr guten Arbeitsplatz.

Die Tischposition C ist sehr ungünstig. Die Person, die dort arbeitet, wird kein gutes Verhältnis zu den Kollegen A und B haben, weil

▸ sie keine Rückendeckung hat. Hier könnte das Gefühl entstehen, die Kollegen fallen ihr in den Rücken bzw. sie wird von ihnen nicht unterstützt.

▸ der Blick an die Wand die Motivation vermindert und keine Perspektiven entstehen lässt.

▸ das Selbstbewusstsein stark unter dieser Situation leidet.

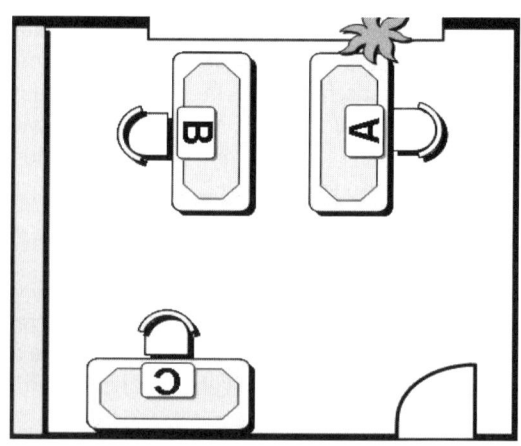

Abbildung 14: Ungünstige Schreibtischposition C

Diese Konstellation kann durch eine sehr einfache Maßnahme behoben werden, allerdings wird die Person am Arbeitsplatz B immer die Kontrolle über das Geschehen im Raum haben.

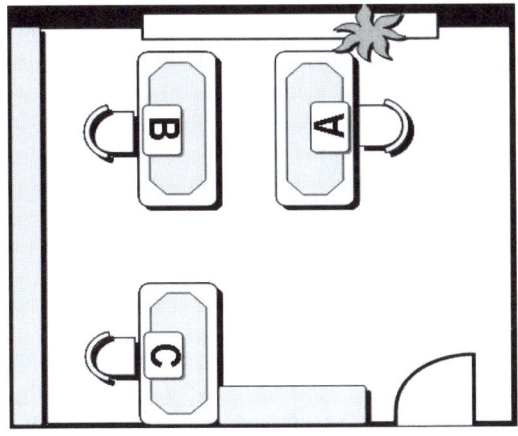

Abbildung 14.1: Optimierungsmaßnahme für Schreibtischposition C

Die ideale Sitzplatz-Lösung

Der dreifach unterteilte Arbeitsplatz ist aus Feng Shui-Sicht die optimale Modelllösung für Mehrfacharbeitsplätze (siehe Abbildung 15 auf der folgenden Seite). Die Mitarbeiter sind alle einander zugewandt, aber eine direkte Face-to-Face Positionierung gibt es nicht.

Abbildung 15: Dreifacharbeitsplatz

Jeder Mitarbeiter hat zusätzlich eine Rückwand, um eine ausreichende Rückendeckung sicher zu stellen. Die einzelnen Arbeitsplätze können durch ca. 1,50 m hohe Wände abgetrennt werden, um die Privatsphäre zu schützen.

Achtung

Ob die Trennwände notwendig sind, müssen die Mitarbeiter entscheiden. Vielleicht reichen auch ein paar Pflanzen in der Tischmitte. So können in einem Großraumbüro mehrere solcher „Inseln" aufgestellt werden, ohne dass einzelne Mitarbeiter benachteiligt sind und die Raumatmosphäre darunter leidet.

Büros mit vier bis acht Arbeitsplätzen

Diese Form von Großraumbüros ist in der deutschen Büro-welt am häufigsten zu finden. Doch leider sind sehr wenige so eingerichtet, dass dort eine vitale und angenehme Atmosphäre herrscht.

Inhouse-Seminar: Optimieren Sie Ihren Arbeitsplatz nach Feng Shui-Kriterien im Gemeinschaftsbüro

Im Rahmen eines Inhouse-Seminars ging es um die Opti-mierung des Büros nach Feng Shui-Kriterien. Um einen Eindruck über die Ist-Situation zu bekommen, machte ich vor dem Seminar einen kleinen Rundgang. Die Anordnung der Schreibtische lies mich vermuten, welche Mitarbeiter Schwierigkeiten haben könnten.

Direkt nach dem Seminar kam Frau B auf mich zu und er-zählte mir, dass sie sich von ihrem Kollegen Herr A kontrol-liert fühle. Und nicht nur das: Sie erledige nahezu die ge-samte Arbeit, während er nicht einmal ans Telefon ginge und trotzdem ständig gelobt werde und die Beförderung erhalten habe.

Herr A hatte die Kontrollposition im Raum und spielte die-se Kontrolle auch aus. Frau B jedoch war am stärksten be-troffen, weil sie ihm direkt gegenüber saß. Die anderen beiden Kollegen (C und D) hatten zwar keinen direkten Blickkontakt, dennoch entgingen sie seiner „Kontrolle" nicht.

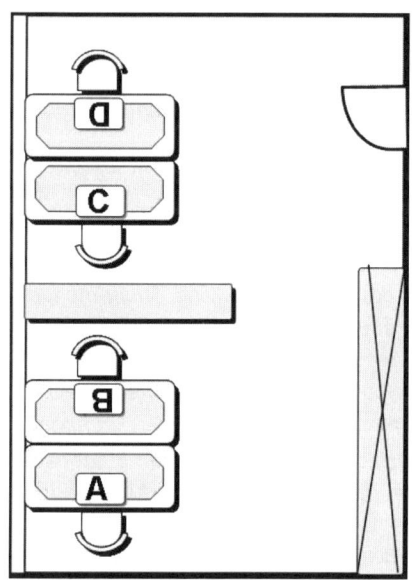

Abbildung 16: Herr A kontrolliert das Geschehen im Raum

In der Abbildung sehen Sie die ursprüngliche Büroaufteilung aus dem Beispiel. Einem neuen Möblierungsvorschlag
stand der Vorgesetzte zwar offen entgegen, aber Herr A
wollte sich unter keinen Umständen darauf einlassen.
Dennoch haben wir eine Kompromisslösung finden
können, um Frau B aus der direkten Konfrontationslinie zu
nehmen (siehe Abbildung 16.1).

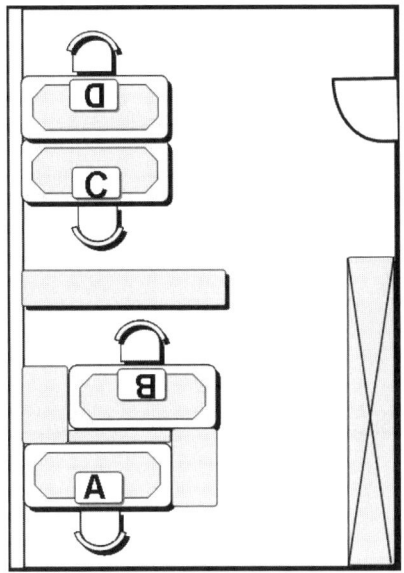

Abbildung 16.1: Durch diese Maßnahme konnte die Konfrontationslinie zwischen A und B unterbrochen werden.

In einem Beispiel weiter vorn im Buch hatte ich bereits über die Möblierung und Büroaufteilung einer internationalen Unternehmensberatung berichtet. Diese sah wie in der folgenden Abbildung 17 aus:

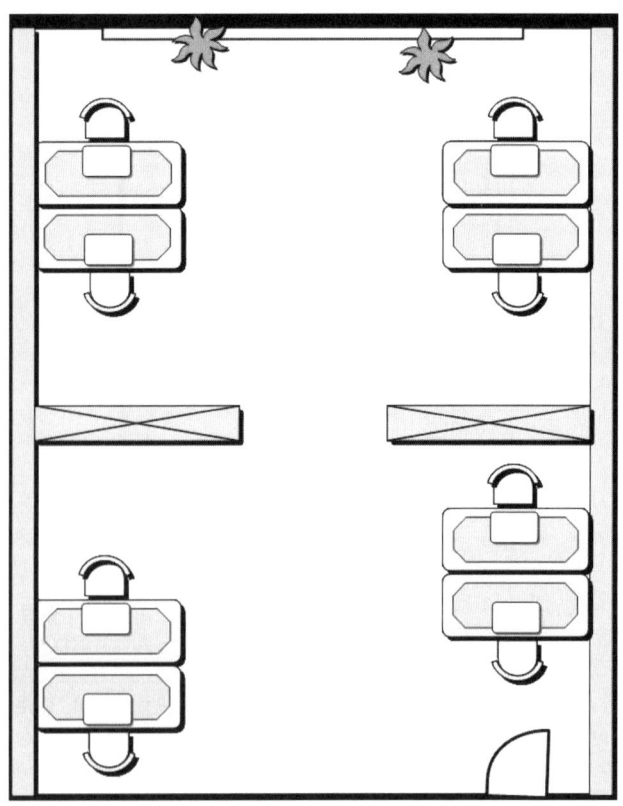

Abbildung 17: Schreibtischplatzierung wie in der Schule

Die Nachteile einer solchen Bürogestaltung sind folgende:

▸ Die Arbeitsplätze haben eine schlechte Rückendeckung.

▸ Das Qi verteilt sich nicht im Raum, sondern fließt direkt aus dem Fenster. So kann es den Mitarbeitern an Vitalität mangeln.

▸ Die hohen Schränke, die als Raumteiler verwendet werden, verhindern, dass sich Tageslicht im gesamten Raum verteilt. Zudem wirken sie drückend auf die direkt davor sitzenden Mitarbeiter.

Eine Optimierung des Raumes könnte wie in Abbildung 17.1 umgesetzt werden. Hier gelten folgende Grundsätze:

▸ Jeder Mitarbeiter sollte gute Rückendeckung haben.

▸ Direkte Face-to-Face-Positionen sind zu vermeiden, die Tische sollten besser leicht versetzt angeordnet werden.

▸ Mit einer günstigen Positionierung der Pflanzen wird der Qi-Fluss optimiert und das Raumklima verbessert.

▸ Die hohen Schränke werden an den Wänden so weit wie möglich von den Arbeitsplätzen entfernt aufgestellt. Dadurch wird der Raum mit mehr Tageslicht durchflutet.

▸ Im Zentrum des Raumes kann das Fax oder der gemeinsam genutzte Drucker stehen. So stehen die Geräte zentral und können von allen erreicht werden.

▸ Insgesamt ist eine Struktur zu schaffen, die den Raum optimal ausnutzt und jedem Mitarbeiter ausreichend Bewegungsfreiheit lässt.

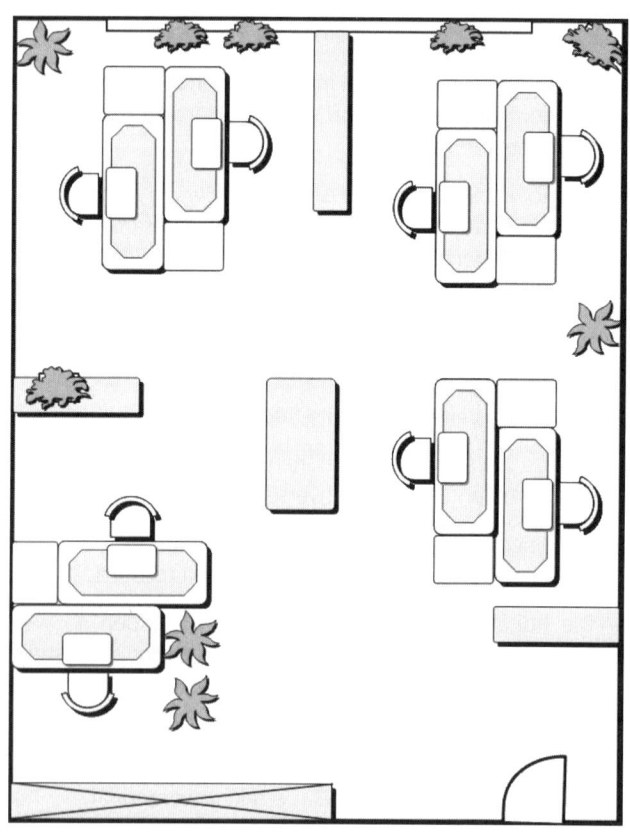

*Abbildung 17.1: Großraumeinrichtung nach Berücksichtigung
der wichtigsten Feng Shui-Kriterien*

Was sind Bürocubes?

Diese Form von Großraumbüros ist in Deutschland, wenn überhaupt, vorwiegend in Callcentern zu finden. In den USA gehören sie längst zum normalen Erscheinungsbild moderner Unternehmen. Bürocubes entstehen, wenn ein Großraumbüro in unendlich viele aneinandergereihte, kleine, fensterlose Zellen unterteilt wird. Hier herrscht eine sehr schwierige Arbeitssituation, weil Sie kaum die Möglichkeit haben, die beschränkte und sehr einengende Umgebung zu verändern. Dennoch empfehle ich Ihnen aus Feng Shui-Sicht das Beste aus der Situation zu machen. Auch hier gilt: „Halten Sie Ordnung!"

▸ Verzetteln Sie sich nicht. Beginnen Sie damit, Notizzettel vom Arbeitsplatz zu verbannen. Ihnen steht sehr wenig Platz zu Verfügung – wenn am Bildschirm oder an den Wänden Zettel hängen, wirkt der Raum noch kleiner.

▸ Sorgen Sie für eine angenehme und angemessene Schreibtischbeleuchtung.

▸ Wenn Sie mit dem Rücken zur Tür" sitzen, dann besorgen Sie sich einen kleinen Spiegel. Diesen platzieren Sie so, dass Sie einen guten Blick darauf haben, was hinter Ihrem Rücken passiert. So kann Sie nichts überraschen.

▸ Schaffen Sie sich einen Blickfang an Ihrem Arbeitsplatz, indem Sie zum Beispiel einmal wöchentlich schöne Schnittblumen kaufen.

▸ Sorgen Sie für einen guten „Ausblick", indem Sie ein helles, farbiges und offenes Bild an der Trennwand anbringen, die Sie am häufigsten anblicken.

▸ Lassen Sie sich nicht entmutigen. Wenn man in so einem „Schlangenloch" sitzt, dann lässt sich die Motivation manchmal schwer aufrechterhalten. Schaffen Sie einen guten Ausgleich im Privatleben, indem Sie den Karrierebereich Ihres Zuhauses gesondert stärken.

▸ Denken Sie positiv! Positive Gedanken ziehen positive Energie an. So wird es Ihnen leichter fallen, Ihre Arbeit noch besser zu erledigen.

▸ Machen Sie Ihre Erfolge sichtbar! Zeichnen Sie sie, basteln Sie eine Collage oder schreiben Sie sie einfach auf. Platzieren Sie diese Zusammenfassung anschließend in Sichtweite. Ich erlebe immer wieder, dass sich Menschen viel stärker darauf konzentrieren, was sie nicht geschafft haben, anstatt sich darüber zu freuen, was sie vollbracht haben.

Während ich für dieses Buch recherchiert habe, bin ich auf die Karikatur eines Cubicles aus den USA gestoßen.

Abbildung 18: Karikatur Cubicles

Auf den Punkt gebracht

▸ Das Großraumbüro an sich ist nicht ausschließlich als ungünstig anzusehen. Wenn Sie dort Ihren Arbeitsplatz haben, sind Sie immer unter Kollegen und haben direkten Zugang zu aktuellen Informationen.

▸ Im Feng Shui geht es um die subtile Wahrnehmung einer Situation bzw. eines Ortes. Wenn Sie sich an Ihrem Arbeitsplatz nicht wohlfühlen, dann versuchen Sie, den Störfaktor zu finden. Häufig lässt sich dieser einfach und schnell beseitigen.

▸ Achten Sie immer auf Ihre Rückendeckung.

▸ Sitzen Sie Ihrer Kollegin oder Ihrem Kollegen nicht direkt gegenüber.

▸ Lassen Sie sich von Ihrem Vorhaben, den Arbeitsplatz zu verändern nicht abbringen, auch wenn Ihre Kollegen Sie belächeln oder nicht mitmachen. Optimieren Sie alles, was in Ihrem Wirkungsbereich liegt. Häufig ziehen die anderen mit.

Arbeiten im Home-Office

Zu Hause arbeiten bringt zahlreiche Vorteile. Sie sparen den Weg zur Arbeit und somit Kosten und vor allem Zeit. Die Vereinbarkeit von Familie und Beruf ist ein Wunsch vieler Berufstätiger.

Andererseits birgt dies auch eine große Herausforderung in sich. Das Verbinden von Familien- mit dem Berufsleben macht paradoxerweise gleichzeitig eine räumliche und geistige Trennung des geschäftlichen und privaten Bereichs notwendig. Durch die Anwendung einiger grundlegender Feng Shui-Tipps können Sie auch zu Hause einen stimmigen und erfolgreichen Arbeitsplatz schaffen.

Der beste Ort für das Büro

Sollten Sie in Ihrem Zuhause ein Zimmer übrig haben, ist das ein seltener Glücksfall. Ist der Platz jedoch begrenzt, beginnt die Suche nach dem besten Ort für Ihr Büro.

Achtung

Ein Zimmer mit einem separaten Eingang ist die optimale Lösung. Ist dies nicht möglich, ist ein Zimmer in der Nähe der Vorder- oder Hintertür des Hauses oder der Wohnung am besten. So haben auch Ihre Kunden den kürzesten Weg in Ihr Büro.

Um den besten Raum für Ihren Arbeitsplatz zu finden, müssen Sie zuerst feststellen, wie wichtig dieser für Ihre berufliche Entwicklung ist. Hierbei ist von großer Bedeutung, welche Aufgaben Sie an Ihrem Schreibtisch künftig erledigen wollen – ob Sie

▸ in einer Festanstellung sind und nur gelegentlich für Ihren Arbeitgeber Aufgaben zu Hause erledigen,

▸ den Arbeitsplatz nur für private Zwecke nutzen oder

▸ Ihre eigene Selbstständigkeit von diesem Schreibtisch aus betreiben.

Achtung

Falls Sie bei einem Unternehmen angestellt sind, dann sollte Ihr Hauptaugenmerk auf dem Arbeitsplatz im Unternehmen liegen. Von dort aus können Sie mit der Unterstützung von Feng Shui Ihre Karriere fördern.

Durch die ständige Zunahme der Bürokratie hierzulande kommt nahezu kein Haushalt mehr ohne Schreibtisch aus. Ein überwiegend privat genutzter Schreibtisch muss natürlich andere Anforderungen erfüllen als ein Tisch, von dem Sie Ihr eigenes Unternehmen aufbauen und leiten.

Ich erlebe immer wieder bei Beratungen, dass hier die Prioritäten falsch gesetzt werden. Manchmal nimmt ein unverhältnismäßig großer Freizeitschreibtisch die Hälfte des Wohnzimmers ein, während in anderen Fällen der Unternehmensschreibtisch in einer Abstellkammer steht. Beides sind Extreme, die aber den Alltag beherrschen.

Gerade, wenn es um das Einbinden des Arbeitsplatzes in die privaten Lebensräume geht, sind die Menschen sehr erfinderisch, wie Sie im folgenden Beispiel lesen können:

Das Unternehmen im Schrank

Am meisten staunte ich bei einer jungen Unternehmerin, die mich wegen schlechter Geschäfte zur Beratung gebeten hatte. Zum Zeitpunkt der Unternehmensgründung konnte sie sich keine Büroräume leisten und gestaltete daher eine Übergangslösung: Sie ließ sich ihren Arbeitsplatz in den Schlafzimmerschrank einbauen. So wurde der Schreibtisch nur dann sichtbar, wenn sie arbeitete.

Eigentlich sollte diese Lösung nur einige Monate andauern, aber auch zwei Jahre später saß sie immer noch an ihrer Übergangslösung. Aus Feng Shui-Sicht eine Katastrophe! Wie Sie mittlerweile wissen, ist neben der Rückendeckung der Ausblick wesentlich für die Motivation und das berufliche Fortkommen. Die junge Frau hatte weder das eine noch das andere. Genauer gesagt saß sie in einer Höhle – ohne Perspektive und ohne ausreichend Raum zum Wachsen. In so einer Position fällt es schwer, ein gesundes und notwendiges Selbstbewusstsein aufzubauen (Abb. 19).

Sicherlich gehen das persönliche Wachstum und die Gestaltung unserer Arbeitsumgebung Hand in Hand, aber nach dem Grundgedanken des Business Feng Shui sollte die Arbeitsplatzgestaltung Ihr berufliches Wachstum unterstützen. Geben Sie sich nicht mit Übergangslösungen zufrieden, die Ihnen keinen Entwicklungsspielraum lassen.

Wenn Sie einen Arbeitsplatz in Ihrem Heim integrieren möchten, bedenken Sie bitte Folgendes:

▸ Sie bauen ein Unternehmen auf, also stellen Sie es von Beginn an auf eine stabile Basis.

▸ Verzichten Sie, wenn möglich, auf Übergangslösungen, denn diese währen am längsten.

▸ Schaffen Sie Platz für Ihr Unternehmen. Denn nur so können Sie etwas Neues im Leben begrüßen.

▸ Vielleicht muss die Raumaufteilung neu überdacht werden. Suchen Sie das Gespräch mit der Familie und finden Sie eine für alle zufriedenstellende Lösung.

▸ Im Feng Shui gilt der Grundsatz: „Was Sie sehen, können Sie auch erreichen!". Vermeiden Sie also um jeden Preis den Blick auf eine kahle Wand, eine Schrankinnenseite oder ein kleines Kämmerchen unter der Treppe.

Der jungen Grafikerin habe ich im Übrigen eine neue Raumaufteilung empfohlen, damit sie aus dem Schrank herauskommen konnte. In den folgenden beiden Abbildungen sehen Sie die Situation vorher und nachher.

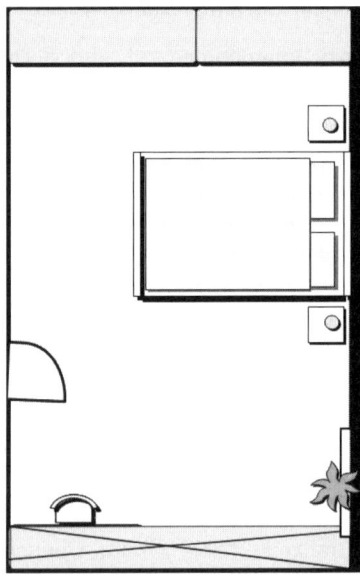

Abbildung 19: Heimarbeitsplatz mit
Schreibtisch im Schrank

Obwohl der Arbeitsplatz im Schlafzimmer bleiben musste, konnte aufgrund der guten Fensterpositionierung eine sehr gute Lösung gefunden werden. Der Schlüssel waren zwei Seilzüge, an denen ein dünner transparenter Stoff als Raumteiler angebracht wurde. So konnte sie mit ausreichend Platz und vor allem Tageslicht in einem neu geschaffenen Raum arbeiten.

Abbildung 19.1: Das umgestaltete Schlafzimmer

Zwei wichtige Faktoren, die bei der Gestaltung des Heimarbeitsplatzes hervorgehoben werden müssen:

▸ der Standort im Haus und

▸ die Struktur sowie die Gestaltung.

Das Büro im Schlafzimmer

Das Schlafzimmer ist nicht wirklich die optimale Lösung für Ihren Heimarbeitsplatz, aber es ist die häufigste. Ungünstig ist das Schlafzimmer, weil es ein Ruheraum ist – ein Bereich, der Passivität ausstrahlt. Logisch, dass dies nicht der ideale Raum für leistungsfähiges und kreatives Arbeiten sein kann. Gibt es tatsächlich keine andere Möglichkeit, dann trennen Sie die beiden Bereiche zum Beispiel durch einen Raumteiler oder einen Schrank klar ab.

Heimarbeitsplatz im Schlafzimmer

Manchmal lassen sich nicht alle Feng Shui-Empfehlungen umsetzen. So war es auch bei einer Architektin, die ihren Heimarbeitsplatz im Schlafzimmer platzieren musste, weil es keine andere Lösung gab. Im Beratungsgespräch erzählte sie mir, dass sie jedes Mal, wenn sie mit einem Kunden Umsetzungsbeispiele besprach, das Schlafzimmer zuerst nannte. Zudem fühlte sie sich während der Arbeit immer müde und wenn sie abends zu Bett ging, grübelte sie über die noch unerledigte Arbeit auf ihrem Schreibtisch nach. Schon bald zeigten sich bei ihr immer häufiger Konzentrationsprobleme während der Arbeit, gefolgt von abendlichen Einschlafschwierigkeiten.

Die Lösung für das Problem lag nahe. Es musste ein Raumteiler gefunden werden, der den Heimarbeitsplatz vom Schlafzimmer trennte und zu beiden Bereichen passte. Die Architektin entschied sich für einen Raumteiler im japanischen Shoji-Stil, aus sehr feinem, lichtdurchlässigem Papier. So fühlte sie sich nicht eingeengt und konnte viel Tageslicht beibehalten.

Das Büro im Wohnzimmer

Das Wohnzimmer ist auch ein beliebter Ort für den Arbeitsplatz. Sicherlich ist es von der Energie her besser geeignet als das Schlafzimmer, aber gerade hier ist es sehr wichtig, dass Sie für eine gute Raumteilung sorgen. Wollen Sie beispielsweise auch abends arbeiten, während Ihre Familie den Fernseher vorzieht (der vielleicht auch noch direkt in Ihrem Blickfeld liegt), dann sollte konzentriertes Arbeiten nicht ganz einfach sein. Abbildung 20 zeigt, wie es gehen könnte.

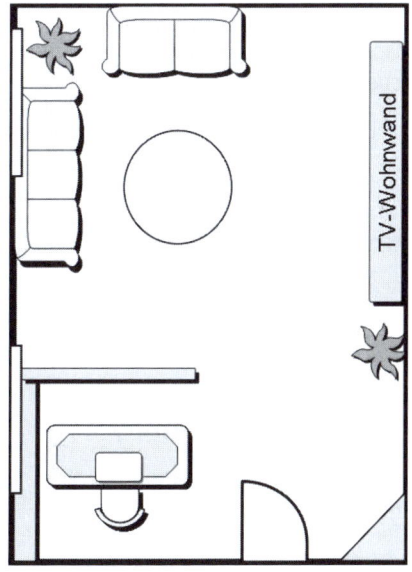

Abbildung 20: Home-Office im Wohnzimmer

In diesem Zimmer konnte der Arbeitsbereich mithilfe eines Raumteilers aufgeteilt werden. Somit haben sowohl Wohnzimmer als auch Home-Office ausreichend Raum und Licht zur Verfügung.

Das Büro im Untergeschoss

Wenn Sie Ihr Büro im Untergeschoss platzieren, was auch oft vorkommt, dann achten Sie bitte noch auf folgende, wichtige Aspekte:

▸ Der Raum sollte mindestens einen Lichtschacht oder ein Fenster haben.

▸ Mit Vollspektrumlicht kann das fehlende Tageslicht ausgeglichen werden.

▸ Wenn die Decke durch indirektes Licht beleuchtet wird, wirkt der Raum offener und freundlicher.

▸ Hier gewinnt die Sauerstoffversorgung an Wichtigkeit. Vielleicht holen Sie sich einen Frischluftaufbereiter ins Büro?

▸ Verwenden Sie keine dunklen Möbel und Farben, sie wirken in dunklen Räumen schwer und drückend.

Was möchten Sie erreichen?

Behalten Sie bei der Planung Ihres Heimarbeitsplatzes Ihr Wohlbefinden und Ihre Produktivität im Auge. Umgeben Sie sich mit Farben, Möbeln und Accessoires, die Sie schätzen und mit Erfolg verbinden.

Bilder und Dinge, die zum Träumen einladen, sind nicht die richtigen Gegenstände für Ihren Schreibtisch – es sei denn, es handelt sich um Träume, die für Ihren Erfolg stehen. Auch Familienportraits haben nichts auf Ihrem Schreibtisch verloren. Diese gehören eher in den Wohnbereich.

Ihr Arbeitsbereich sollte das widerspiegeln, was Sie in die Welt projizieren möchten. Sind Sie zum Beispiel als Raumausstatter/in tätig, dann sollten Sie erst Ihr Büro und Ihr Zuhause so einrichten, wie Sie es einem Kunden empfehlen würden. Stellen Sie sich einen Steuerberater vor, der mit dem Finanzamt Probleme hat. Würden Sie ihm die Betreuung Ihrer Finanzen überlassen? Oder einen Feng Shui-Berater, der nicht das lebt, was er den Menschen anbietet. Die Diskrepanz ist spürbar. So wird der Erfolg unwahrscheinlicher.

Achtung

Im Feng Shui sind alle Lebensbereiche miteinander verbunden. Das merken Sie am intensivsten, wenn Sie im Home-Office arbeiten, weil Sie hier noch mehr Zeit in Ihren Lebensräumen verbringen. Sollten Sie das Gefühl haben, in Ihrer beruflichen Entwicklung nicht weiterzukommen, dann schauen Sie sich neben dem Büro auch Ihr Zuhause unter Feng Shui-Aspekten an. Lösen Sie sich von Ballast, sorgen Sie für einen guten Qi-Fluss und überprüfen Sie Ihre Ziele. Seien Sie sich immer im Klaren darüber, was Sie erreichen möchten. Nicht selten wird der Weg über das Ziel definiert.

Warum weniger mehr ist

Über das Thema Ballast habe ich bereits in den vorherigen Kapiteln ausführlich geschrieben. Dennoch möchte ich das Thema an dieser Stelle mit folgenden Gedanken vervollständigen: Wenn Sie zu Hause arbeiten, haben Sie keinen zweiten Ort, der ungünstiges Feng Shui im eigenen Heim ausbalancieren könnte. Das wirkt sich zu 100 Prozent auf Sie aus – positiv, aber auch negativ. Zudem ist der Platz im Home-Office meist noch begrenzter als in einem Büro.

Haben Sie die positiven Effekte einmal wahrgenommen, werden Sie diesen Zustand im Büro und der restlichen Umgebung dauerhaft beibehalten wollen. Denken Sie daran: Gerümpel entzieht Ihnen den Antrieb, den Sie eigentlich für Ihre Arbeit benötigen. Und es wirkt sich nachteilig auf Ihr Unternehmen und Ihre Gesundheit aus.

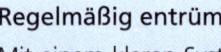

Regelmäßig entrümpeln!

Mit einem klaren System, wonach Sie regelmäßig entrümpeln, können Sie diese Auswirkungen vermeiden. Sie werden überrascht sein, wie viel mehr Lebensfreude und Energie Sie verspüren werden.

Trennen Sie Geschäftliches und Privates

Im Home-Office ist eine klare Trennung zwischen Geschäft und Privatleben nicht immer einfach aufrechtzuerhalten. Klären Sie daher in einer ruhigen Minute – in einem ersten Schritt – für sich persönlich folgende Fragen:

▸ Wann beginnt die Arbeitszeit und wann endet sie?

▸ Für wen bin ich während meiner Arbeitszeit verfügbar?

▸ Gehe ich auch an das private Telefon?

▸ Hole ich die Wäsche aus dem Trockner?

Diese Liste könnte ich noch weiterführen, aber jeder von Ihnen hat seine eigene Lebenssituation und an diese sollten auch die Fragen angepasst werden. Durch die persönliche Beantwortung der Fragen können Sie klarer gegenüber Ihren Mitmenschen kommunizieren, was Sie möchten. Für Ihre Freunde kann es ziemlich verwirrend sein, wenn Sie einmal während Ihrer Arbeitszeit eine Stunde mit ihnen plaudern und ein anderes Mal den Anruf als störend empfinden und sie abweisen.

Sofort-Tipp

Mit festen Ritualen können Sie den Beginn Ihrer Arbeitszeit für sich selbst und andere symbolisieren: das kann die Tasse Kaffee sein, die Sie mit an den Schreibtisch nehmen, das Anschalten des Computers oder das Schließen der Bürotür. Oder Sie bestimmen, dass Ihr Arbeitstag wochentags um 9:00 Uhr beginnt.

Das Ende Ihrer Arbeitszeit können Sie kennzeichnen, indem Sie den Computer ausschalten, aus dem Zimmer gehen und die Tür schließen.

Zwischen Haushalt und Büro

Frau M., Mutter von zwei Kindern im Alter von 2 und 5 Jahren, hatte sich als Coach selbstständig gemacht und arbeitete ausschließlich von zu Hause. Zu Beginn ihrer Tätigkeit gelang es ihr nicht, ihre bereits beschränkte Arbeitszeit effektiv zu nutzen und effizient zu arbeiten. Sie wurde durch zu viele Hausfrauentätigkeiten abgelenkt. Diese verlorene Arbeitszeit holte sie abends nach.

Meine Empfehlungen an sie waren folgende:

▸ *eine Haushaltshilfe, die zweimal im Monat gründlich aufräumt,*

▸ *das Mittagessen wird bereits abends vorbereitet,*

▸ *die Wäsche wird gemeinsam mit den Kindern erledigt,*

▸ *das Privattelefon wird während der Arbeitszeit nicht mehr beantwortet.*

Durch diese Maßnahmen gewann meine Kundin täglich zwei Stunden Arbeitszeit und schaffte so Raum für neue Projekte. Ihr Arbeitstag war von nun an wie folgt klar strukturiert:

▸ *Bis 8:30 Uhr kümmert sie sich um die Kinder und bringt sie zu Fuß in den Kindergarten. Der Spaziergang dient ihr als Übergang, um von privaten in geschäftliche Gedanken zu kommen.*

▸ *Zu Hause angekommen beginnt ihre Arbeitszeit. In dieser Zeit ist sie zu 100 Prozent im Büro. Durch eine konsequente Haltung arbeitet sie konzentriert und ohne ständige Unterbrechungen.*

▸ *Nach 15:30 Uhr wird Frau M. wieder zur Hausfrau und Mutter.*

Auf den Punkt gebracht

▸ Stellen Sie fest, welche Aufgaben Sie an Ihrem Home-Office erledigen werden. Je mehr Zeit Sie in Ihre Tätigkeit dort investieren, desto wichtiger ist die Wahl des optimalen Ortes.

▸ Setzen Sie die richtigen Prioritäten und verzichten Sie auf Übergangslösungen. Optimieren Sie Ihren Arbeitsplatz im Rahmen des Möglichen von Beginn an.

▸ Vergessen Sie einen weiteren wichtigen Feng Shui-Grundsatz nicht: Was Sie sehen, können Sie auch erreichen. Sorgen Sie auch im Home-Office für einen guten Ausblick, indem Sie zum Beispiel mit hellen und freundlichen Bildern arbeiten.

▸ Unabhängig davon, ob Sie im Schlaf- oder Wohnzimmer arbeiten, eine klare räumliche Trennung hilft Ihnen, private und geschäftliche Aktivitäten nicht zu vermischen.

Wichtige und richtige Sitzpositionen

Erfahrungswissenschaften sind Wissenschaften, die ihre Erkenntnisse aus Erfahrungen gewinnen. Feng Shui ist so eine Wissenschaft. Aus dieser Erfahrung haben sich viele alte Annahmen bestätigt und auch gerade im westlich orientierten Feng Shui bewahrheitet. Beispielsweise auch die folgenden Aussagen:

▸ Wer am nächsten zur Tür sitzt, der geht als Erster.
  Aus vielen meiner Geschäftsberatungen kann ich diese Aussage bestätigen.

▸ Sitzt der Geschäftsführer mit dem Rücken zur Belegschaft, kann er kaum deren Unterstützung erwarten.
  Warum sollten ihn die Mitarbeiter unterstützen, wenn der Chef augenscheinliches Desinteresse zeigt? Das Gegenteil tritt oftmals ein, sie fallen ihm in den Rücken und verhalten sich teilweise illoyal.

Es ist die unbewusste Wahrnehmung der Menschen und die Symbolwirkung der Büroein- bzw. -ausrichtung, die die eben geschilderten Situationen mit sich bringen. Achten Sie daher darauf, – unabhängig davon, ob Sie Personal- und Unternehmensverantwortung tragen – wie Sie im Raum sitzen und wo sich dieser Raum im Bürogebäude befindet.

Wo finde ich den Chef?

In vielen Großunternehmen können Sie die richtige Positionierung der Geschäftsführung beobachten. Die „Herrschaften" sitzen meist im obersten Stockwerk und stehen somit über ihren Mitarbeitern und an der Spitze des Unternehmens. Und genau so soll es auch sein. Schließlich sind die Geschäftsführer für die Mitarbeiter und die Unternehmensrentabilität verantwortlich.

Hat der Geschäftsführer sein Büro ein Stockwerk unterhalb seiner Mitarbeiter haben, wird er selber zum Untergebenen. In dieser Position hat er nicht den vollen Überblick und keine Kontrolle über das Unternehmen. Es kann auch sein, dass ihm die Mitarbeiter, vor allem diejenigen, die über ihm sitzen, keinen Respekt entgegenbringen.

Der Vorstand mit der schlechten Sitzposition

Bereits während meiner Tätigkeit als Marketing- und Vertriebsberaterin besuchte ich einige Feng Shui-Seminare. Der Seminarleiter, ein chinesischer Feng Shui-Meister, führte uns sehr gekonnt in die Welt des Feng Shui ein, indem er einige interessante Geschichten erzählte. Auch die folgende, die ich persönlich nie vergessen werde.

Der chinesische Meister war einige Monate vor dem Seminar zur Beratung in einen weltweit tätigen Konzern gerufen worden. Genauer gesagt, ging es um das Büro des Vorstandsvorsitzenden. Dieser hatte ein ungutes Gefühl im Büro und beklagte sich, dass er das Unternehmen nicht wirklich unter Kontrolle habe.

Auf den ersten Blick sah der Feng Shui-Meister, dass die Schreibtischposition im Büro äußerst ungünstig war. Um die schöne Aussicht zu genießen, hatte der Vorstandsvorsitzende seiner Belegschaft teilweise den Rücken gekehrt (Abbildung 21). Die wichtigste Empfehlung des Feng Shui-Beraters war daher, den Tisch in die Kontrollposition des Raumes zu stellen. (Abbildung 21.1).

Doch der Vorstandsvorsitzende hatte kein Interesse, die vorgeschlagenen Maßnahmen umzusetzen, obwohl der Aufwand nicht groß gewesen wäre. Damit war die Beratung beendet. Der Feng Shui-Experte erklärte uns, dass er nicht glaube, dass der Vorstandsvorsitzende länger als ein Jahr seine Position behalten werde, weil seine Entscheidungen von den Mitarbeitern nicht unterstützt würden.

Ich war von der Aussage fasziniert, aber verfolgte sie nicht weiter. Ein halbes Jahr später habe ich für genau dieses Unternehmen die Hauptversammlung mitorganisiert. Somit konnte ich direkt beobachten, wie der Vorstandsvorsitzende mit großer Mehrheit von seinem Posten abgewählt wurde, weil die Unternehmensziele nicht erreicht wurden.

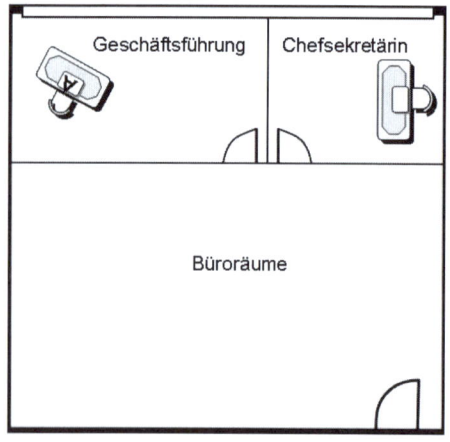

*Abbildung 21: Die ungünstige Sitzposition
des Vorstandsvorsitzenden*

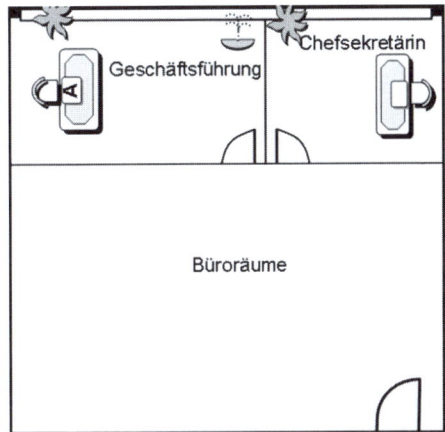

Abbildung 21.1: Empfohlene Maßnahmen für das Büro

In China stand das Wissen über Feng Shui für lange Zeit nur dem Kaiserhaus zur Verfügung, weil die Machthaber wussten, dass bestimmte Feng Shui-Maßnahmen ganze Dynastien stürzen konnten. In Anbetracht dieser Tatsache, ist es nicht weiter verwunderlich, dass die Vorhersage des Feng Shui-Meisters tatsächlich eingetreten ist.

Das „Kommandozimmer"

Wie Sie aus dem Beispiel oben erkennen können, hängt es nicht nur von den akademischen Qualifikationen und Erfahrungen ab, ob ein Geschäftsführer sein Unternehmen tatsächlich unter Kontrolle hat oder nicht. Deswegen wird die stärkste Position im Raum die „Kontrollposition" genannt und der stärkste Raum im Geschäftsgebäude ist das „Kommandozimmer".

▸ Die Kontrollposition eines Zimmers befindet sich immer links oder rechts diagonal von der Tür, in Abhängigkeit davon, wo sich der Türanschlag befindet. (Abb. 22)

▸ Das Kommandozimmer ist in der Regel der Raum, der diagonal am weitesten vom Haupteingang entfernt ist (Abb. 23). Hier werden die Führungskräfte am stärksten unterstützt.

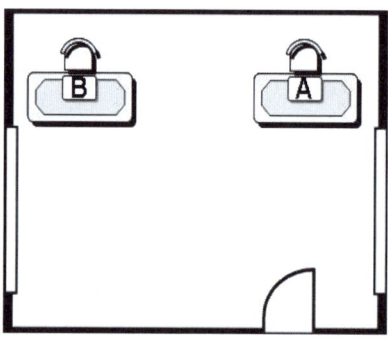

Abbildung 22: Person am Schreibtisch B sitzt in der Kontrollposition

B hat hier die Kontrollposition, weil er diagonal zur Tür sitzt und so einen besseren Überblick hat. A hat zwar auch einen guten Blick, aber er sitzt näher zur Tür.

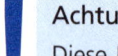

Achtung

Diese Position ist nur dann günstig, wenn sich hinter dem Schreibtisch eine feste Wand befindet. Ist dort aber eine Fensterfront, muss der Schreibtisch anders aufgestellt werden.

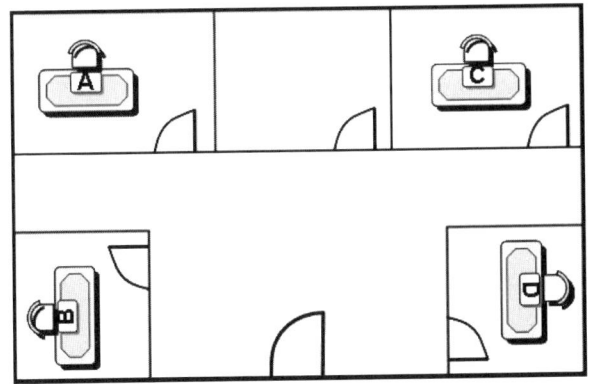

Abbildung 23: Position des Kommandozimmers

In Abbildung 23 sitzt Person A im Kommandozimmer. Die Haupteingangstür und die Bürotür von A liegen in einer diagonalen Linie zueinander. Somit fließt in diesen Raum mehr Qi hinein als in die übrigen Räume.

Das Büro B eignet sich zum Beispiel für die Teamassistenz oder die Sekretärin. Völlig ungeeignet ist es hingegen als Chefbüro, denn es liegt zu nah an der Eingangstür. Durch zahlreiche Störungen wäre das konzentrierte Arbeiten erschwert. Außerdem würde der Chef das Kommando an die Person in Büro A übergeben.

Büro C hat auch eine gute Kontrollposition, wegen des Türanschlags kommt jedoch wenig belebendes Qi in diesen Raum. Die Person, die hier arbeitet, könnte sich häufig erschöpft fühlen. Um mehr Qi anzuziehen und zu erzeugen, könnte ein Zimmerbrunnen aufgestellt werden.

Das Büro D hat im Rahmen dieser Büroaufteilung die ungünstigste Position. Die Person, die hier arbeitet, könnte sich vernachlässigt und nicht ernst genommen fühlen. Durch die ungünstige Anordnung der Tür wird der Raum kaum mit Qi versorgt. Die Auswirkungen können von Müdigkeit bis hin zu Motivationsverlust reichen. Wenn Sie ausreichend Räumlichkeiten zur Verfügung haben, dann sollte dieser Raum am besten als Büromateriallager, Kopierraum oder Archiv genutzt werden.

Der richtige Ausblick für mehr Erfolg

Im Büro des Chefs ist jedoch nicht nur die Kontrollposition wichtig, sondern auch das Blickfeld. Der Blick zur Tür gilt sicherlich den Mitarbeitern, aber auch der motivierende Ausblick ist wichtig. Dieser sollte den Unternehmensleiter darin unterstützen, innovativer zu denken und zu handeln. Einen solchen Ausblick können Sie an der Wand gegenüber dem Schreibtisch mithilfe von Bildern gestalten. Hierfür steht Ihnen eine enorme Auswahl zur Verfügung.

Da jeder Mensch einen eigenen Geschmack und eine eigene Vorstellung über die Symbolik von Kunst hat, gibt es nur wenige Grundsätze für die Auswahl von Bildern:

▸ Verzichten Sie auf schwarz-weiße Motive. Diesen Bildern fehlt ein sehr wichtiges Element, die Farbe, und somit die Lebendigkeit!

▸ Wenn Sie sich durch reale Landschaften inspiriert fühlen, dann wählen Sie keine Bilder, die einen Sonnenuntergang zeigen. Ein solches Motiv deutet auf ein Ende hin.

▸ Motive, die vordergründig einen großen Berg zeigen, symbolisieren einen anstrengenden Weg zur Spitze. Bilder wie diese gehören an die Wand hinter Ihrem Sitzplatz. Dort wirken sie unterstützend.

▸ Bilder mit kahlen Bäumen oder menschenleeren Straßen assoziieren nicht unbedingt blühende Geschäfte.

Wenn Sie jetzt überlegen, welche Bilder gut zu Ihnen passen, dann hinterfragen Sie am besten Ihre unternehmerischen Ziele.

▸ Haben Sie eine Dienstleistung oder ein Produkt entwickelt und möchten damit zum Beispiel in die USA oder nach Asien expandieren, dann bieten sich Motive aus diesen Ländern in Form einer Landkarte oder einem Bild der Stadt, die Sie als Ausgangspunkt sehen, an.

▸ Würden Sie gern für Ihr Unternehmen neue, helle und zentrale Büroräume anmieten, dann stellen Sie sich vor, welchen Ausblick Sie aus Ihrem Bürofenster haben möchten. Suchen Sie dann ein ähnliches Landschaftsbild aus und hängen Sie es in Sichtweite auf.

▸ Manche Unternehmer arbeiten gerne mit Zitaten, um ihren Absichten Ausdruck zu verleihen. Warum nicht! Eine Unternehmerin hat ihre Wand mit den Worten: „Think big!" dekoriert. Sie hatte sich als Ziel gesetzt, mehr Großprojekte statt kleine zeitintensive Projekte zu betreuen. Diese beiden Worte drückten für sie genau ihr Vorhaben aus.

Achtung

Auch wenn Sie in einem Unternehmen angestellt sind und sich dort weiterentwickeln möchten, können Sie Ihre Ziele visualisieren.

Wie Sie anhand der Beispiele erkennen können, ist die Motivauswahl sehr individuell und persönlich. Als Unternehmensleiter, egal wie groß oder klein Ihr Unternehmen ist, treffen Sie Ihre Wahl. Sollten Sie nach einiger Zeit Ihr Ziel erreicht haben, definieren Sie Ihr nächstes Vorhaben und machen Sie sich auf die Suche nach einem neuen passenden Bild.

Auf den Punkt gebracht

Das Büro eines Unternehmensleiters muss repräsentativ, hell und geräumig sein. Nur so wird es zur Basis für Inspiration, Tatkraft und Erfolg.

Ihre Präsentation – Ihr Auftritt

Seien Sie mal ehrlich zu sich selbst: Wie fühlen Sie sich, wenn wieder einmal eine Präsentation oder ein Vortrag ansteht? Aufgeregt? Nervös? Zittrige Knie? Ich glaube, dass sogar sehr erfahrene Redner mit diesen Zuständen, wenn auch in abgeschwächter Form, zu kämpfen haben. Damit Sie während Ihrer Präsentation souverän wirken, sollten Sie zum einen mit den Inhalten sehr vertraut sein, ausschlaggebend ist aber auch Ihre Körpersprache.

Diese wird sehr stark von unserem inneren Zustand beeinflusst. Mit einem selbstbewussten Auftreten können Sie inhaltliche Schwächen sehr gut überspielen.

Wo ist nun aber der Schnittpunkt zwischen Körpersprache und Feng Shui? Die Körpersprache wird von dem Gegenüber auf unbewusste Weise wahrgenommen – so wie auch Feng Shui. Daher schafft eine Präsentationsposition unter Berücksichtigung von Feng Shui-Kriterien einen positiven äußeren Rahmen, der Sie wiederum persönlich stärkt. Wenn Sie sich stark und zuversichtlich fühlen, dann strahlen Sie genau das aus und können Ihre Zuhörer schneller von Ihnen und Ihrer Idee begeistern.

Dies sollen einige Raumbeispiele demonstrieren:

Abbildung 24: Ungünstige Raumgestaltung

Die Raumgestaltung in Abbildung 24 ist für Sie als Redner
äußerst ungünstig. Ihre Aufmerksamkeit ist in diesem Fall
zweigeteilt. Anstatt sich ausschließlich auf den Vortrag und
das Publikum zu konzentrieren, fordert die Tür im Rücken
einen großen Teil Ihrer Aufmerksamkeit. So werden Sie von
den äußeren Rahmenbedingungen nicht unterstützt.

Um diesen Zustand zu verändern, sollten Sie, wenn
irgendwie möglich, die Raumaufteilung – wie in Abbildung
24.1 vorgeschlagen – ändern.

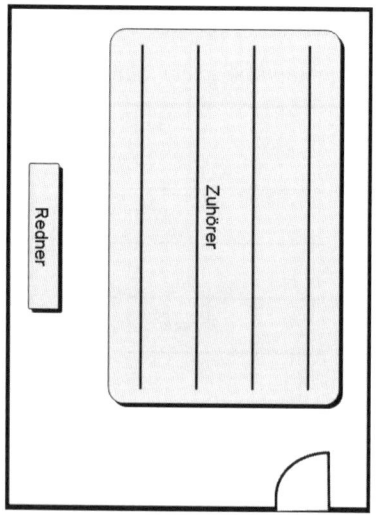

Abbildung 24.1: Deutlich verbesserte Raumbedingungen
für den Redner

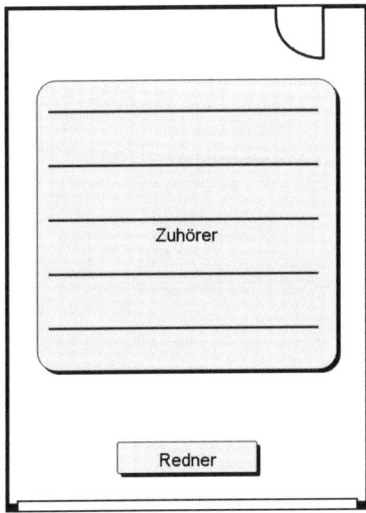

Abbildung 25: Eine Glaswand im Rücken des Redners

Abbildung 25 zeigt noch eine sehr ungünstige Raumgestaltung:

▸ Durch die Fensterfront im Rücken haben Sie faktisch keinen Rückhalt. Sie könnten sich fühlen, als ob Sie gegen Ihr Publikum ankämpfen. Deswegen fällt es Ihnen schwer, die Zuhörer zu begeistern.

▸ Die Tatsache, dass Sie in einer Tür-Fenster-Linie stehen, wirkt sich zusätzlich erschwerend auf Ihre ohnehin schon ungünstige Situation aus.

▸ Im hinteren Teil des Raumes befindet sich die Tür, somit könnten die Zuhörer in den letzten Reihen abgelenkt werden.

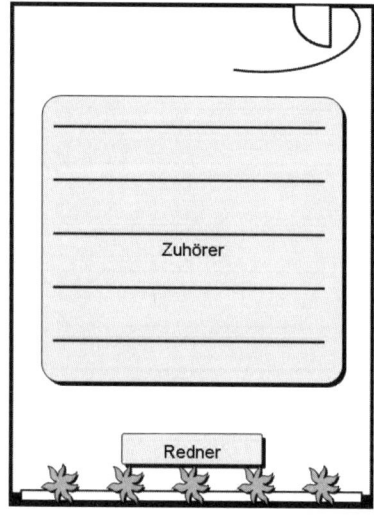

*Abbildung 25.1:Schnelle Abhilfemöglichkeit
für die Raumoptimierung*

Wenn möglich, sollte der Raum (ähnlich wie in Abbildung 24.1) neu angeordnet werden. Andernfalls können Sie mit zwei einfachen Hilfsmitteln, wie in Abbildung 25.1 dargestellt, arbeiten.

▸ Stellen Sie einige höhere Pflanzen entlang der Fensterfront auf. Anstelle der Pflanzen können Sie auch eine ca. 2 m hohe Trennwand benutzen.

▸ Eine Trennung sollte auch zwischen Tür und Publikum geschaffen werden. So fließt das Qi nicht direkt in Richtung Fenster und Redner. Außerdem stören während Ihres Vortrages hereinkommende Personen Ihren Vortrag nicht mehr.

Zuletzt möchte ich Sie noch auf einen weiteren Typus des Vortragssaals aufmerksam machen, der vor allem in Hochschulen zu finden ist.

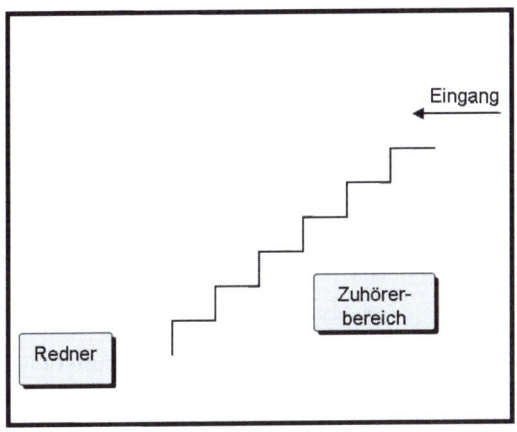

Abbildung 26: Hörsaalähnliche Konferenzsaalgestaltung

Die Zuhörer blicken auf Sie als Redner herab und dominieren Sie somit. Unter solchen Gegebenheiten kann es vorkommen, dass Sie in Diskussionen verwickelt oder sogar verbal angegriffen werden.

Achtung

Nur sehr starke Persönlichkeiten behalten trotz dieser ungünstigen Raumgestaltung die Kontrolle über das Publikum.

Auf den Punkt gebracht

Damit Sie während einer Präsentation selbstbewusst wirken und sind, sollten unterstützende positive Raumbedingungen geschaffen werden. Achten Sie daher immer darauf, dass

▸ Sie eine feste Wand im Rücken zu haben. Eine Fensterfront oder Eingangstür hinter Ihnen schwächt Ihre Position empfindlich.

▸ die Tür, wenn möglich, mithilfe einer Trennwand oder Pflanzen vom Zuhörerbereich abgetrennt ist, damit sich das Publikum nicht gestört fühlt.

▸ das Publikum nie höher sitzt als Sie.

All diese Maßnahmen dienen dazu, Ihre Souveränität zu stärken. So fällt es Ihnen leichter, Ihre positive Stimmung auf das Publikum zu übertragen. Sie begeistern es schneller und einfacher für Ihre Ideen.

Verkaufsgespräche – beide Partner gleichberechtigt

Steht Ihnen ein Verhandlungs- oder Verkaufsgespräch bevor, werden Sie sich, je nach Wichtigkeit, entsprechend dafür vorbereiten. Wahrscheinlich werden Sie nach nutzenorientierten Argumenten suchen, um den Gesprächspartner von Ihrem Produkt oder Ihrer Dienstleistung zu überzeugen. Die ganze Vorbereitung kann jedoch umsonst sein, wenn Sie oder Ihr Gesprächspartner sich in dem Raum nicht wohlfühlen. Oftmals können Sie schlechter argumentieren, weil Ihnen die volle Aufmerksamkeit und Konzentration fehlt. Fühlt sich Ihr Kunde unwohl, wird er schon nach kurzer Zeit das Gespräch beenden wollen, um den Raum zu verlassen. Sie bleiben zurück und zweifeln unter Umständen an Ihrer Verkaufstechnik.

Sie benötigen also den entscheidenden Vorteil. Einen, der Sie von allen anderen Anbietern hervorhebt. Dieser Vorteil muss nicht unbedingt im Produkt liegen. Vielmehr geht es darum, dass der Kunde seine Zeit gerne mit und bei Ihnen verbringt und das Gefühl hat, bei Ihnen gut aufgehoben zu sein. Diese Kombination zwischen einem angenehmen Gesprächsklima und den richtigen Argumenten wird ihn überzeugen. Deswegen überlegen Sie sich bereits vor dem Verkaufsgespräch:

▸ Wo sitzen Sie und wo Ihr Kunde?

▸ Werden Sie aus Ihrer Position gestärkt oder bekommen Sie dort eher das Gefühl, überrannt zu werden.

▸ Fühlen Sie sich dort sicher und stark?

▸ Sitzt Ihr Kunde in einer Position, die nicht schwächend auf ihn wirkt?

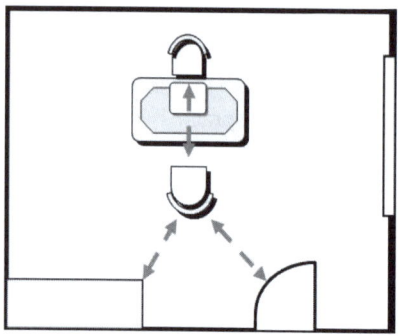

Abbildung 27: Ungünstige Position für ein Kundengespräch

In Abbildung 27 befindet sich Ihr Gesprächspartner in einer ungünstigen Sitzposition, weil

▶ er die Eingangstür im Rücken hat,

▶ ihn die Schrankecke direkt angreift und

▶ Sie beide sich direkt gegenüber sitzen!

Sofort-Tipp

In vielen Banken können Sie beobachten, wie sich die Besprechungsbereiche verändern. Hier ist der Schreibtisch des Beraters mittlerweile oft eine Kombination aus Besprechungs- und Arbeitstisch. Wenn Sie, egal aus welchen Gründen, an Ihrem Schreibtisch auch Verkaufsgespräche führen müssen, ist das die Ideallösung.

*Abbildung 27.1: Sehr gute Kombination zwischen
Besprechungs- und Arbeitsplatz*

Achtung

Durch die ideale Positionierung holen Sie sich die erforderliche Sicherheit, Stärke und Durchsetzungskraft.

Meetings – Wer zuletzt kommt, ...

Wenn Sie als Erster/Erste zum Meeting erscheinen, welchen Sitzplatz wählen Sie aus? Oder anders formuliert: Sie erscheinen zum Meeting kurz vor Beginn, Ihre Kollegen sind alle schon anwesend, welcher Platz ist noch frei?

Richtig, die Plätze mit Blick zur Tür und in den Raum sind meist immer schon besetzt! Bleibt Ihnen nur noch der Sitzplatz mit dem Rücken zur Tür oder Fenster. Oder ein Mauervorsprung ist direkt auf Sie gerichtet ...

Wahrscheinlich werden Sie sich in einer solchen Gesprächs-
runde benachteiligt fühlen. Zudem besteht die Gefahr,
dass Sie nicht zu Wort kommen oder von den anderen
Teilnehmern nicht ernst genommen werden. Der richtige
Sitzplatz in einer Besprechung ist vor allem dann von
Bedeutung, wenn Sie wichtige Fakten oder neue Ideen
einbringen möchten. Betrachten Sie bitte die Abbildung
28. In diesem Raum habe ich verschiedene Sitzpositionen
für eine herkömmliche Besprechungsrunde nummeriert.

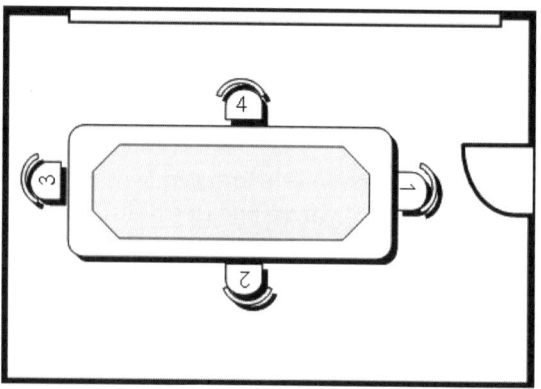

Abbildung 28: Konferenzraum ohne Feng Shui-Maßnahmen

Sitzplatz Nummer 1 mit dem Rücken zur Zimmertür ist mit
Abstand der ungünstigste im Raum. Sollten Sie hier sitzen,
sind Sie gegenüber anderen absolut benachteiligt. Zum einen haben Sie keinen Rückhalt und können somit auch
keine Unterstützung für Ihre Ideen erwarten. Andererseits
fällt es Ihnen schwer, Ihre gesamte Aufmerksamkeit auf
das Meeting zu lenken.

Achtung

Die Tür im Rücken wird Sie immer unter einer gewissen Spannung halten, weil Ihr Unterbewusstsein mit dem ungeschützten Rücken beschäftigt ist.

Der beste Sitzplatz im Raum ist die Nummer 2. Sollten Sie das Meeting leiten, dann ist das der richtige Platz für Sie. Von hieraus können Sie die Tür direkt einsehen und haben eine feste Wand im Rücken.

Der Platz Nummer 3 am Ende des Raumes scheint auf den ersten Blick die Kontrollposition zu sein. Doch da sich der Stuhl in direkter Linie mit der Tür befindet, wird Ihre Position geschwächt. Der direkte Qi–Fluss greift Sie so auf subtile Weise an.

Auch die Fensterfront im Rücken von Platz Nummer 4 bietet keinen Rückhalt. Fenster haben bei Weitem nicht die Stabilität einer festen Wand. Auch wenn die Fensterfront wie eine Wand aufgebaut ist, ist sie dennoch für das Qi durchlässig und kann natürlich leichter als eine Beton- oder Ziegelwand zerstört werden. Sollten Sie – wie Nummer 4 – entlang der Fensterfront sitzen, könnten Sie sich von Ihrem Gegenüber leichter angegriffen fühlen.

Doch auch für solche häufig vorkommenden Raumgestaltungen gibt es einfache und schnell umzusetzende Feng Shui-Maßnahmen. So zeigt Ihnen Abbildung 28.1, wie Sie mit einigen Pflanzen und einer Trennwand den Raum so optimieren, dass die Sitzplätze im Allgemeinen verbessert werden.

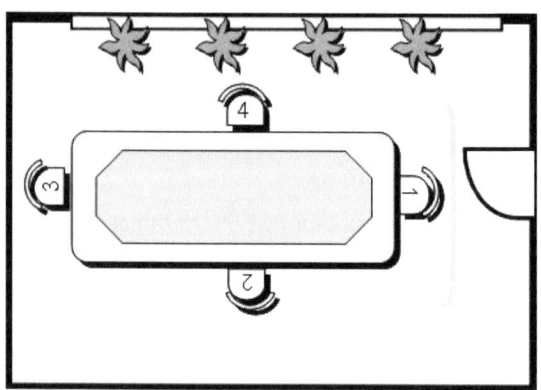

Abbildung 28.1: Konferenzraum mit Feng Shui-Maßnahmen

Auf diese Weise wird beispielsweise Sitzplatz 3 zum besten Platz im Raum, weil er am weitesten von der Eingangstür entfernt ist. Hier wird der direkte Qi-Fluss von der leicht gewölbten Trennwand abgelenkt. Direkt danach folgt in der Rangordnung Platz Nummer 2.

Auch Platz Nummer 4 wird gestärkt, weil die Pflanzen für den notwendigen Rückhalt sorgen.

Die Position von Platz Nummer 1 ist nun wegen der Trennwand etwas besser, dennoch ist es nicht der beste Sitzplatz im Raum. Wenn möglich, sollte dieser Platz fairerweise unbesetzt bleiben.

In diesem Zusammenhang möchte ich Sie auf eine weitere Gestaltungsmöglichkeit für Besprechungsräume aufmerksam machen.

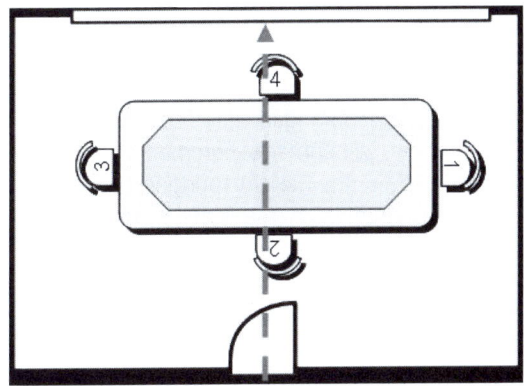

Abbildung 29: Das Qi schneidet den Besprechungstisch

In diesem Beispiel sind die Sitzpositionen 2 und 4 stark benachteiligt, während Position 1 keinen direkten Blick zur Tür hat. Der Gesprächsführer sollte auf Platz Nummer 3 sitzen. Im Zusammenhang mit dieser Raumaufteilung ist jedoch ein wichtiger Aspekt zu berücksichtigen: Das Qi trennt durch den geraden Fluss Richtung Fenster den Tisch, den Raum und letzten Endes auch die Verhandlungspartner. Wenn nun eine Gruppe auf der linken und die andere auf der rechten Seite der Tür sitzen, dann wird es sehr schwierig, wenn nicht unmöglich, einen gemeinsamen Standpunkt oder Lösungsansatz zu finden.

Sofort-Tipp

Sie können diese Situation sehr gut harmonisieren, indem Sie im Raum ähnlich – wie in Abbildung 28.1 – mit einer Trennwand vor der Tür und mit Pflanzen entlang der Fensterfront arbeiten.

Hierzulande ist es üblich, dass sich Verhandlungspartner am Verhandlungstisch gegenüber sitzen. Diese Face-to-Face-Position kann auch als Angriffsposition bezeichnet werden. Die Verhandlungen erweisen sich so oft als schwierig und die Teilnehmer bekommen leicht das Gefühl, dem Gegenüber „in das Gesicht springen zu wollen". Aber auch diese Situation kann mit einer schönen Tischdekoration, etwa aus Pflanzen, abgemildert werden. Gerade hier sollte jedoch auf die Pflanzenform geachtet werden. Kakteen könnten vielleicht die angespannte Situation noch verstärken. Zu hohe Pflanzen eignen sich auch nicht, weil sie den Blickkontakt zwischen den Gesprächspartnern unterbrechen.

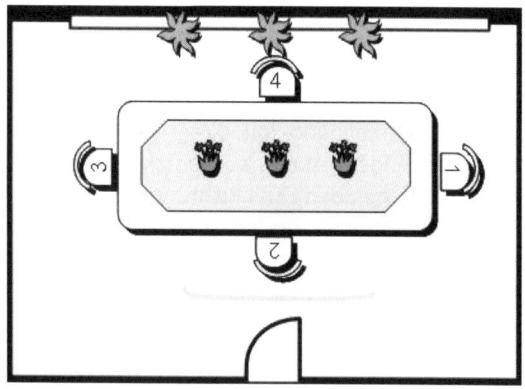

Abbildung 29.1: Erfolgversprechende Gestaltung
für Besprechungsräume

Achtung: Gerade bei Meetings und Verhandlungen kommt es auch auf die richtige Tischform und -beschaffenheit an. Werden Gespräche an durchsichtigen Tischen (zum Beispiel aus Glas) geführt, ist der Blick auf den Boden und alles, was sich unter dem Tisch befindet, offen.

Abgesehen von der Tatsache, dass Glastische keine Stabilität und damit keine gute Basis bieten, bringt der Blick unter den Tisch Unruhe und Ablenkung mit sich. Wundern Sie sich nicht, wenn Sie sich dabei ertappen, wie Sie die Schuhe Ihres Gesprächspartners betrachten und sich fragen, ob diese wohl geputzt sind. Behalten Sie im Auge, dass der Besprechungstisch der Ort für wichtige Verhandlungen und Entscheidungen ist.

Auf den Punkt gebracht

▸ Erscheinen Sie zu Ihren Meetings in Zukunft immer einige Minuten früher, um freie Platzwahl zu haben.

▸ Sitzen Sie nie mit dem Rücken zur Tür – und wenn möglich, auch nicht zum Fenster. Beide Positionen schwächen Ihre Position während der Besprechung.

▸ Vermeiden Sie auch Sitzpositionen, in denen Sie in direkter Linie zur Tür oder einem Mauervorsprung sitzen. Der davon ausgehende direkte und aggressive Qi-Fluss wirkt sich ungünstig auf Sie aus.

▸ Stehen schwierige Verhandlungen bevor, sorgen Sie für eine harmonische Gesprächsumgebung, indem Sie mit Pflanzen im Raum und gegebenenfalls auch auf dem Besprechungstisch arbeiten.

Feng Shui: Strategien für das Geschäftsleben

Feng Shui bedeutet übersetzt Wind und Wasser. Die beiden Naturelemente werden durch gutes Feng Shui gelenkt und eingesetzt, um Hindernisse und Widrigkeiten auf eine sanfte Art zu überwinden. Somit wird eine angenehme Stimmung in Ihrer Umgebung geschaffen, in welcher Sie erfolgreich und gesund arbeiten können.

Diese Wirkungsweise kann auch auf das unternehmerische Handeln übertragen werden. Hier geht es hauptsächlich darum, keine aggressiven Verhandlungen oder Geschäftsführungspraktiken anzuwenden. Kurz gesagt: Feng Shui funktioniert nach dem Prinzip „mit Geduld und Toleranz zum Ziel!" Auch hier gibt es einige Grundsätze:

▸ Nutzen Sie keine aggressiven Geschäftspraktiken. Denken Sie immer einen Schritt im Voraus und gehen Sie mit Ihren Kunden und Geschäftspartnern diplomatisch um. So gelangen Sie ohne Widerstand zum Ziel.

▸ Die eigene wahre Stärke sollte dem Verhandlungspartner nicht sofort präsentiert werden. So können Sie immer in entscheidenden Situationen trumpfen.

▸ Arbeiten Sie im Netzwerk. Wenn Sie für sich ein gut funktionierendes Netzwerk aufgebaut haben, können Sie mit geringen Anstrengungen und finanziellem Aufwand auch große Aufträge problemlos abwickeln.

▸ Betrachten Sie jeden Interessenten als potenziellen Kunden oder Geschäftspartner. Unterschätzen Sie niemanden!

▸ Denken Sie daran: Der Kunde hat Recht!

▸ Arbeiten Sie mit einem Lächeln auf den Lippen, seien Sie freundlich, auch wenn Sie indirekten Kontakt zum Kunden haben, zum Beispiel bei Telefongesprächen.

▸ Seien Sie flexibel und immer in der Lage, sich an neue und geänderte Bedingungen anzupassen.

▸ Konzentrieren Sie sich auf das Wesentliche und setzen Sie Ihre Ressourcen – Zeit und Geld – gezielt ein. Somit bleiben Sie flexibel und können auf Marktveränderungen schnell reagieren.

▸ Feng Shui wird schon lange nicht mehr nur in Asien kommerziell genutzt. Um das Unternehmen erfolgreicher zu machen, werden die „Energien" des Unternehmens strukturiert von innen nach außen in Einklang gebracht.

Schlusswort

Das ideale Gleichgewicht haben Sie erreicht, wenn Sie sich in Ihrem Büro wohl fühlen und in Harmonie mit Ihren Mitarbeitern, Kollegen und Kunden sind. Natürlich soll sich die Verbesserung auch in Ihren Geschäftszahlen widerspiegeln. Wenn Sie es zudem schaffen, die Balance zwischen Berufs- und Privatleben herzustellen, dann können Sie sicher sein, dass Ihr Leben im Gleichgewicht ist.

Ein sehr altes Sprichwort, dessen Herkunft nicht wirklich nachvollzogen werden kann, lautet wie folgt:

> *Achte auf Deine Gedanken, denn sie werden Worte. Achte auf Deine Worte, denn sie werden Handlungen. Achte auf Deine Handlungen, denn sie werden Gewohnheiten. Achte auf Deine Gewohnheiten, denn sie werden Dein Charakter. Achte auf Deinen Charakter, denn er wird Dein Schicksal.*

Welche Verbindung hat dieses Sprichwort zu Feng Shui? Eigentlich ganz einfach: Gutes Feng Shui wird auf subtile Weise wahrgenommen, Sie fühlen also die Veränderung. „Was" und „wie" Sie fühlen, strahlen Sie nach außen in Ihre Umwelt. Sind Sie positiv eingestimmt, so wird Ihnen auch Positives widerfahren. Diese Anziehungskraft wird auch Resonanztheorie genannt.

Bedenken Sie jedoch: Damit die gewünschten Verbesserungen eintreten, sind auch Sie persönlich gefordert. Durch eine Feng Shui-Beratung eröffnet sich für Sie ein neuer Weg – gehen müssen Sie ihn jedoch selber!

Nützliche Internet- und Buchtipps

http://www.haus-des-fengshui.de/newsletter
Der monatlich erscheinende Newsletter versorgt Sie mit aktuellen Tipps und Terminen zum Thema Feng Shui. So sind Sie immer auf dem aktuellen Stand .

Miedaner, Talane: „Coache dich selbst, sonst tut es keiner", MVG Verlag, 2005: Ein Satz aus diesem Buch veränderte auch mein Leben: „Niemand liebt bedürftige Menschen." Die Autorin zeigt auf, wie Sie Ihre eigenen Bedürfnisse erkennen, Ziele definieren und erreichen.

Kingston, Karen: „Gegen das Gerümpel des Alltags", rororo, 2009: Wie Sie Gerümpel erkennen und sich dauerhaft von unnötigem Ballast befreien

St. James, Elane: „Simplify your life", Hyperion Books, 2001: 100 Tipps, wie Sie Ihr Leben mit wenig Aufwand vereinfachen können

Leonard George „Der längere Atem. Die fünf Prinzipien für langfristigen Erfolg im Leben", Ludwig, 1998: Warum ein gefühlter Entwicklungsstillstand die Phase des Lebens ist, die uns für den nächsten Schritt vorbereitet. Die beschriebenen fünf Prinzipien des Erfolgs beruhen auf den Einsichten der fernöstlichen Meister und auf Erkenntnissen erfolgreicher Menschen.

Pringintz Eva, Ruf Petra „Das Feng Shui Lexikon", südwest, 2005: Ein kompaktes Nachschlagewerk rund um das Themengebiet Feng Shui.

Die Autorin

Danijela Saponjic studierte Betriebswirtschaft und arbeitete als selbstständige Vertriebs- und Marketingberaterin im Auftrag großer und mittelständischer Unternehmen. Doch diese Tätigkeit war ihr nicht kreativ und abwechslungsreich genug und so entschied sie sich für eine umfassende Feng Shui-Ausbildung.

Die betriebswirtschaftliche Basis, kombiniert mit dem alten Wissen des Feng Shui, ermöglicht es ihr, neue Ansätze zu finden, wie Unternehmen und Privatpersonen erfolgreicher arbeiten und leben können.

Danijela Saponjic bietet neben Feng Shui-Beratungen auch Seminare, Vorträge und Inhouse-Trainings an. Mehr über die Autorin lesen Sie unter: www.haus-des-fengshui.de.

Impressum:

Verlag C. H. Beck im Internet: www.beck.de

ISBN: 978-3-406-61778-2

© 2011 Verlag C. H. Beck oHG

Wilhelmstraße 9, 80801 München

Umschlaggestaltung: Ralph Zimmermann – Bureau Parapluie

Umschlagbild: © istockphoto.com/pixhook

Druck und Bindung: Druckhaus „Thomas Müntzer" GmbH,

Neustädter Straße 1–4, 99947 Bad Langensalza

Gedruckt auf säurefreiem, alterungsbeständigem Papier

(hergestellt aus chlorfrei gebleichtem Zellstoff)